優雅老化的

大腦守則

優雅老化的

大腦守則

生命科學館

Life Science

洪蘭博士策劃

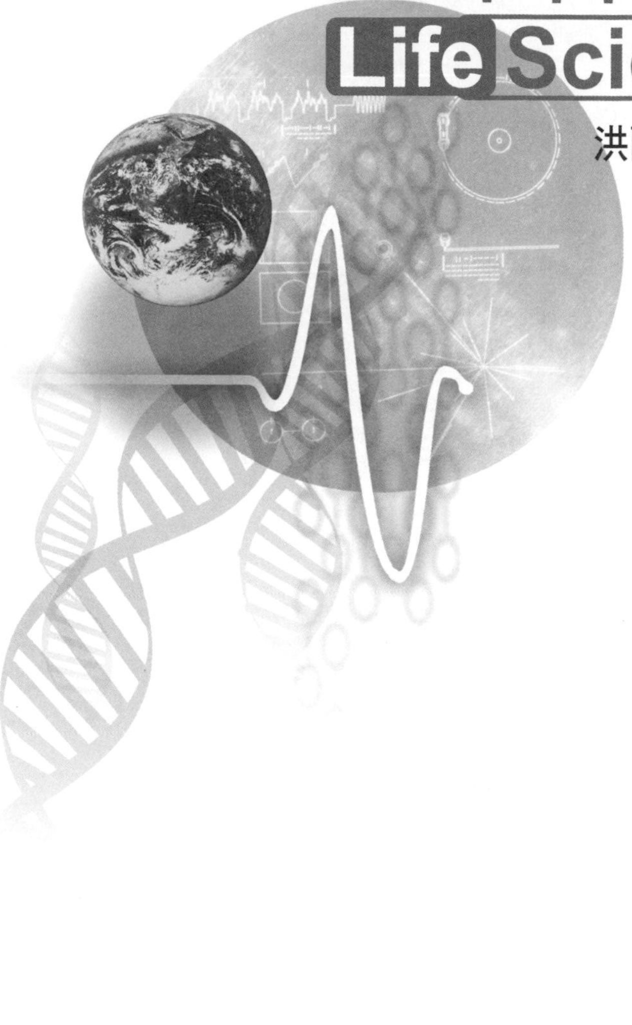

生命科學館 Life Science 37
洪蘭博士策劃

優雅老化的大腦守則

作者／John Medina
譯者／洪蘭
主編／陳莉苓
特約編輯／丁宥榆
行銷企劃／陳秋雯
封面設計／江儀玲
內文編排／平衡點設計

發行人／王榮文
出版發行／遠流出版事業股份有限公司
100臺北市南昌路二段81號6樓
郵撥／0189456-1
電話／(02)2392-6899　傳真／(02)2392-6658
著作權顧問／蕭雄淋律師

2018年8月1日　初版一刷
售價新台幣 380 元（缺頁或破損的書，請寄回更換）

ylib 遠流博識網
http://www.ylib.com
e-mail:ylib@ylib.com

優雅老化的
大腦守則

10 個讓大腦保持健康和活力的關鍵原則

John Medina 約翰・麥迪納 —— 著　　洪蘭 —— 譯

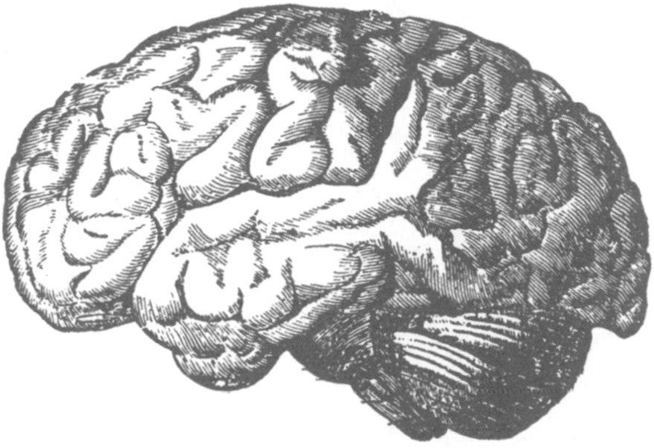

Brain Rules for Aging Well

10 Principles for Staying Vital, Happy, and Sha

策劃緣起

迎接二十一世紀的生物科技挑戰

洪蘭

民國八年，五四運動的知識份子將「賽先生」（科學）與「德先生」（民主）並列，期能提升中國的科學水準。這近一百年來我們每天都在努力「迎頭趕上」，但是趕了快一百年，我們仍在追趕。在這個世紀末的今天，我們應該靜下來全盤檢討我們在科學（技）領域的優缺點，究竟該如何去迎接二十一世紀的科技挑戰，只有這樣的反省才能使我們跳離追趕的模式，創造出自己的前途。

二十一世紀是個生物科技的世紀，腦與心智的關係將是二十一世紀研究的主流，而基因工程的進步已經改變了我們對生命的定義及對生存的看法。翻開報紙，我們每天都看到有關生物科技的消息，但是我們對這方面的知識卻知道的不多，比如一九九九年十二月，全世界的報紙都以頭版的位置來發布科學家已經解讀出人體第二十二號染色體的新聞。這則新聞是什麼意思？人類基因圖譜有什麼重要性？為什麼要上頭版新聞？美國為什麼要花三十三億美金來破解基因圖譜？為什麼科學家認為完成這個基因圖譜是人類最重要的科學成就之一？它與你我的日常生活有什麼關係？市場上賣著「改良」的肉雞、水果，「改良」了什麼？與我們的健康有關嗎？

生物科技與基因工程已經靜悄悄地進入我們的生活中了，這些高科技知識已經逐漸從實驗室中的專業知識地位慢慢變成尋常百姓家的普通常識了。二十二號染色體上的基因與免疫功能、精神分裂症、心臟缺陷、智能不足（所謂的 Cat-eye 徵候群）及好幾種癌症（血癌、腦癌、骨癌、神經纖維癌）有關。我們都知道基因異常會引發疾病，部分與基因有關的疾病會惡化，包括癌症、關節炎、糖尿病、高血壓、老年癡呆症和多發性硬化症，我們在生活周遭隨便一看都會發現有得這些病的親友，這個知識對我們而言怎能說不重要呢？如果重要，為何我們回答不出上面的問題來？

台灣是個海島，幅地不大，但是二十一世紀國家的競爭力不在天然的物質資源而在人腦的知識資源上，人腦所開發出來的知識會是二十一世紀經濟的主要動力。我們看到在人類的進化史上，獸力代替人力，機械又替代了獸力，科技的創新造成了二十世紀的經濟繁榮，我們把台灣稱為科技島，但是政府對知識並未真正的重視，每次刪減預算都先從教育經費開刀，其實知識的研發才是科技創新的源頭，人腦創造出電腦，電腦現在掌控了我們生活的大部分，我們只要看全世界對二千年千禧蟲的來臨如臨大敵一般就知道了。

我們想要利用電腦去解開人腦之謎，去對所謂的「智慧」重新下定義，所以資訊和生命科學的結合將會是二十一世紀的主要科技與經濟力量，這個「生物資訊學」（bioinfomatic）是一個最新的領域，它正結合資訊學家與生命科學家在重新創造這個世界，再過幾年，我們對生命的定義與生存的意義可能就會改變，因為科學家已開始從基因的層次來重組生命，但是我們的國民對世界潮流的走向，對最新科技的知識還不能掌握得很好，既然國民的素質就是國家的財富，國力的指標，如何提升全民的知識水準就顯得刻不容緩了。

我是個教育者，我看到了我們國民的基本知識不足以應付二十一世紀的要求，但是一個老師的力量有限，再怎麼上課，影響的學生人數對整體來說，還是杯水車薪，有限得很，我要的是一個可以快速將最新知識傳送到所有人手上的管道。就這方面來說，引介質優的科普書籍似乎是唯一的路，因為書籍是唯一不受時空限制的知識傳遞工具。因此，我決定與遠流出版公司合作開闢一個生命科學的路線，專門介紹國內外相關的優秀科普著作，與一般讀者共享。我挑書的方法很簡單，任何可以使我在書店站著看十五分鐘以上不換腳的書就值得買回家細看。我不考慮市場，因為我認為真金不怕火煉，一本好書常常不是暢銷書（因為既不煽情，又沒有暴力），但是它會是長銷書，因為它帶給人們知識。

背景知識就像一個篩網，網越細密，新知識越不會流失。比如說，同樣去聽一場演講，有人獲益良多，有人一無所獲，最主要的原因是語音像一陣風，只有綿密的網才可以兜住它。背景知識又像一個架構，有了架子，新進來的知識才知道往哪兒放，當每個格子都放滿了，一個完整的圖形就會顯現出來，一個新的概念於是誕生。心理學上曾有一個著名的實驗告訴我們背景知識的重要性。這個實驗是把一盤殘棋給西洋棋的生手看兩分鐘，然後要他把這盤棋重新排出來，他無法做到；但是給西洋棋的大師看同樣長的時間，他就能正確無誤地將棋子重新排出來。是大師的記憶力比較好嗎?當然不是,因為當我們把一盤隨機安放的棋子給大師看,請他重排時,他的表現就和生手一樣了。大師和生手唯一的差別就在大師有背景知識,使得殘棋變得有意義,意義度就減輕了記憶的負擔。這個背景知識所建構出來的基模(schema)會主動去搜尋有用的資訊將它放在適當的位置上,組合成有意義的東西,一個沒有意義的東西會很快就淡出我們的知覺系統。所以在生物科技即將引領風潮的關鍵時刻,引介這方面的知識來滿足廣大讀者的需求,使它變成我們的背景知識而有能力去解讀和累積更多的新知識,是我們開闢《生命科學館》的最大動力之一。

台灣能從過去替人加工的社會走入了科技發展的社會,人力資源是我國最寶貴,也是唯一的資源利器。人力資源的開發一向是先進科技國家最重大的投資,知識又是人力資源的基本,因此我衷心期望《生命科學館》的書能夠豐富我們的生技知識,可以讓我們滿懷信心地去面對二十一世紀的生物科技挑戰。

【策劃者簡介】

洪蘭,福建省同安縣人,一九六九年台灣大學畢業後,即赴美留學,取得加州大學實驗心理學博士學位,並獲NSF博士後研究獎金。曾在加州大學醫學院神經科從事研究,後進入聖地牙哥沙克生物研究所任研究員,並於加州大學擔任研究教授。一九九二年回台先後任教於中正大學、中央大學、陽明大學,現任中央大學認知神經科學研究所講座教授暨創所所長。

優雅老化的大腦守則

Contents

Brain Rules for Aging Well

壹 Part 1 社會的大腦

貳 Part 2 思考的大腦

叁 Part 3
身體和大腦

肆 Part 4
未來的大腦

推薦的話

更快樂的老年

白明奇

前些時候，風塵僕僕的北上，返回位於台北市松山區吳興街的母校參加畢業30周年同學會，一群總年齡將近六〇〇〇歲的醫師們同聚一堂，高唱校歌；緊湊的行程之一是重回2201教室，坐上30幾年前、漆有自己學號的座位上，當快門卡擦，同學們盡情歡笑，這一幕真是令人激動。

37年前，歷經激烈的大學聯考與選填志願之後，我們經由百米道走入拇指山下美麗的北醫校園，同窗七年畢業後各奔東西，如今有人白髮蒼蒼，有人頂上無毛，有人持續運動精神抖擻，有人希望早日脫離職場，有人仍充滿希望，壯志未酬，幸好，表面上看來還沒有人失智。

回來台南不久，接到出版社寄來的書稿，要我五天之內交出推薦文，原來這是美國西雅圖華盛頓大學分子生物學家 John J. Medina 教授於二〇一七年出版的另一本新書，書名是《優雅老化的大腦守則》（*Brain Rules for Aging Well*）。

本書是 Medina 以 Brain Rules 為名的系列暢銷書之一，作者一貫以周遭人事或親身體驗作例子，用說故事的方式來講解艱深難懂的大腦知識，讀者因而易於理解，並將此知識轉達給其他人、甚至應用於日常生活。

這本書的內容很跟得上醫學的進展，例如老年科學（geroscience）的新興概念、孤單老人是憂鬱與失智的地雷、混齡互動可能帶來的好處、愈孤獨愈不快樂的口號等等，這幾點也讓我體悟出、並在腦海浮現「快樂中年、失智不黏」的字句。

讀者可能也同意人老並不可怕，充滿病痛、醫藥的晚年也還能應付，然而遇到失智卻會帶來自身、家人與社會的負擔。根據二〇一七年 *Lancet* 雜誌的報導，阿茲海默症成因之中，六成五生下來業已決定，還好，三成五可以靠後天的努力來延緩發生，例如改善聽力、戒菸、控制血壓、血糖、遠離憂鬱、避免孤獨等。因此，預防失智要從年輕做起。

不僅失智，許多慢性病的預防可能都要從年輕做起，這跟前述同學會的體認類似，並呼應本書提到的亞馬遜河或所有大河的上游一樣，初始皆為涓涓細流，途經中游、下游，混入種種好的、壞的、土石、汙染或清流，到了出海口，真是樣態不一。我們的人生經驗會修飾許多中樞神經系統疾病的精神與行為表現，不良生活習慣更會加速心血管、骨關節退化疾病的進展，環境的毒素、空氣汙染，不安全的食物以及面臨持續而來的壓力而無法紓解，加上孤獨的個性與人隔絕，無須懷疑，等在前頭的就是淒涼的晚年。

讀者要好好閱讀本書，經由有科學根據的理論與觀察，不僅可以更了解大腦的正常運作，也可以解答如失智症、老年憂鬱症及精神疾病何以帶來種種大腦機能障礙的疑惑。

書中許多概念與我多年來診療失智病人的心得不謀而合，尤其是「三動兩高」（頭腦要動、休閒活動、有氧運動、高度學習、高抗氧化食物）全方位預防失智的健康行為模式的理念，彷彿為全書精華做了總結。

細細讀來，這真是一本很值得推薦的腦科學科普好書。

（本文作者是成大醫學院神經學教授、成大老年學研究所所長、台灣臨床失智症學會理事長、熱蘭遮失智症協會理事長、二〇一七年全國好人好事代表「八德獎」得主，多年來陸續於健康世界、中國時報、遠見雜誌、康健雜誌、健康2.0等，以專欄型式介紹失智症。著有《忘川流域：失智症船歌》、《彩虹氣球：失智症天空》及《松鼠之家：失智症大地》。）

譯序

懂得愛護大腦，便能優雅老去

洪蘭

我翻了五十幾本書，還沒有哪一本像這本書這麼辛苦，如果沒有google在旁邊幫忙，幾乎翻不下去。因為作者為了要「接地氣」，書裡用了很多美國的電視節目內容，但是我們的讀者如何能從不熟悉的美國電視中，去接台灣的地氣呢？真是傷腦筋。但是在不實廣告滿天飛的台灣，我們需要一些有實驗證據的好書來給我們正確的「老年」觀念，所以還是把它翻完了。

作者擔心大腦對一般人，特別是老人家，比較生疏，會不敢接觸，尤其談的又是老年的大腦，大家本來就已經害怕變老了，更何況是年老的大腦。所以他一定要找一些可以跟讀者起共鳴的東西來做媒介。那麼什麼東西是美國人，不分東西南北，都有共同的回憶呢？這就非電影和電視劇莫屬了。所以從一開始的《我愛露西》到後來的《玩具總動員》，不但引用，還大篇幅的介紹。為了怕翻錯，我只好一一上google去查它的劇情了。

作者引用的電視節目對我真的很陌生，雖然在美國住了二十二年才回台教書，但是台灣是我念到高中才有電視，而且那時台灣窮，國民所得低，買不起美國正在播演的電視影片，只能買舊的老電視劇。後來台灣有錢了，可以買新的電視劇了，可是我又出國了。在美國讀書，無暇看電視，實在不知道究竟我們的讀者會不會對他的例子起共鳴，我很擔心作者的用心對台灣讀者來說，反而是反作用，只好替他去找台灣的地氣來接，所以這本書真的翻得辛苦。但也因為如此，我看了一些原本沒機會接觸的電影，例如作者提到Sylvia Syms，我不知道她是誰，一查，原來是演《蘇西黃的世界》的英國明星。這部電影講的是一九六〇年的香港，一九六〇年時，台灣管制出境，我們都不知道那時候的香港是什麼樣子，所以就把電影從google中叫出來看了一下，結果發現真的很好看，雖然耗費了很多時間，也算是另外一種收穫了。

這本書有一個概念，就是年老不是病，它是每個人都要走的一條路，但是擁有的知識多，懂得保護自己，走得就比較不辛苦；不懂愛護大腦，老了以後，要靠長照是真的很辛苦。為了這一點，我考慮再三（本來不想再翻譯了，因為我是用手寫，手寫多了會抽筋），還是決定快快地把它翻出來，因為台灣已經進入老年社會了，若有人因為看了這本書，改變了生活型態，遠離了失智，那真的是功德一件。

現在報紙的熱門題目是減肥、健康的吃（包括去哪裡吃），甚至還有談大腦保健的專欄，但是這一本書是由專業的研究者，從同儕審訂的研究數據中，歸納出來的可行建議，它裡面的資訊比網路或媒體的資訊可靠很多，有時網路有很多的錯誤訊息，看了反而有害。這本書裡的資訊，我一邊翻一邊有上網搜查（這是職業病，論文審多了就會這樣），它是可以相信的。

書中引用了美國總統雷根在發現自己有阿茲海默症後，寫給全國人民的信，那封信寫得非常好，我原來不喜歡雷根，他在做加州州長時，大砍教育經費，使加州大學的聲譽一落千丈。但是那封信真的令人感動，老不要怕，只要日子過得充實、對世界有貢獻（貢獻有很多種，只要這世界因為曾經有過你而變得更好，那就是貢獻），死亡有什麼好怕的呢？

生命本來就是一個 cycle，周而復始，我們安心的老去，因為我們已經盡完了我們的責任，對出生的嬰兒我們充滿希望，因為那是未來。達文西說得好：「充實的一天帶來好眠，充實的一生帶來安息」，人只要不是到了安寧病房，才發現世界多我一個不多，少我一個不少，自己走了，船過水無痕，都不算虛過一生。

但是好好的愛護自己身體，不菸不酒不熬夜，不使自己成為子女或社會的負擔，這是每一個公民應該做到的。或許你說不知該怎麼做，那麼這本書就是告訴你如何優雅，不成為別人負擔的老去。裡面的建議很容易做的，讓我們從今天開始就去做吧！

前言 優雅老化的大腦守則

我會在本書中告訴你，所有你想要知道的老化知識。我會從大腦科學來告訴你，如何使你的餘生過得圓滿，至少對你的大腦來說，可以有個充實滿意的生命歷程。我們現在從哈佛大學著名的研究者藍格（Ellen Langer）負責研究的一組七十歲的老人開始講起。

在一個晴朗的早晨，這一組七十歲的老人家像個孩子似的，蹦蹦跳跳的出了修道院的大門。他們剛剛在藍格的觀察下，度過了五天的團體生活，現在他們正準備回到各自的家去，既快樂又活躍，滿是笑容。這是一九八一年的秋天，也是雷根當總統的第一年。這些人都跟我們第四十屆總統一樣，有著同樣的年齡。他們是藍格研究計畫的一部分，剛經歷過一段時間扭曲。他們的大腦在過去的一週不是生活在一九八一年，而是在一九五九年。修道院中播放的是當年的老歌，〈刀客邁克〉（Mack the Knife，**譯註，這是 Bobby Darin 的歌**）和〈紐奧良戰役〉（The Battle of New Orleans），在黑白的電視螢幕上，播放的是波士頓塞爾提克隊（Boston Celtics）在決賽中打敗明尼阿波里斯湖人隊（Minneapolis Lakers，是的，正是明尼阿波里斯湖人隊），而猶奈特斯（Johnny Unitas）是巴爾的摩小馬隊（Baltimore Colts）的四分衛（**譯註：他是當年的體育大明星，萬人景仰的球員**）。桌上擺的是《生活》（*Life*）雜誌和《星期六晚郵》（*Saturday Evening Post*，**譯註：當年最多讀者的期刊**）。韓德勒（Ruth Handler）剛剛說服玩具大商美泰兒（Mattel）生產一個體態玲瓏的洋娃娃芭比（Babbie），這是她女兒的名字，專門賣給還沒有進入青春期的小女生們。艾森豪總統剛剛簽署法案把夏威夷變成美國的第五十州。

這一週的一九五九年回憶，是這一些老人在修道院門口等巴士帶他們回家時，這麼快樂的原因。有幾個老人還忘我的玩起了觸身式美式足球（touch football），他們許多人已經幾十年沒有玩這種運動了。

你在一百二十個小時之前，可能認不出他們是同一批老人。那時他們每個人視茫茫，步履蹣跚，聽力、記憶力都不行，有些得扶著拐杖才走得進修道院的大門。好幾個無法將自己的行李箱拎進自己的房間。藍格和她的團隊一開始時，先測量這些老人的身體狀況和大腦，作為以後比較用的基準線。測量顯示出，這些人在進入修道院之前是典型的老人，好像是向「中央臨時演員派遺中心」要求：「急需八個老弱殘兵」所徵來的演員。

但是他們並沒有一直是老弱殘兵，等到一週結束時，他們的身體狀況和腦力測驗數據變化之大，讓我驚訝得說不出話來。即使用目測，都可以看出這些老人有顯著的改變，如同《紐約時報》（*The New York Times*）所報導的一般。他們的背挺起來了，他們的手比較有力了，拿東西比較輕鬆自如了，走路不需拐杖了（玩足球？我的天哪！）他們的聽力也敏銳了許多，視力也是一樣（是的，我說的是視力）。從他們的交談中，你就可以感到他們的大腦也顯著的年輕了許多，這些改變在第二次的智商和記憶測驗中得到證明。因為有這麼特殊的發現，這個實驗被命名為「逆轉時鐘研究」（counterclockwise study）。

你手上的這本書就是要告訴你，那五天修道院生活究竟發生了什麼事。同時也要告訴你，從統計角度來看，假如你願意遵循本書的忠告的話，你會發生什麼事。一般來說，我很少這麼樂觀。我是個性情乖戾的神經科學家，這表示本書的每一個科學句子都有已發表、被同儕審訂過的研究在背後支持，而且還不是只重複實驗一遍而已，是好多遍（請見 www.brainrules.net/references）。我的專長是遺傳精神病學，但是假如你以為老化就是衰弱，你可能需要花一點時間去了解其他的看法，例如藍格的看法，或這本書裡面我的看法。

《優雅老化的大腦守則》告訴你的不只是大腦如何老化，還告訴你如何減少老化的腐蝕作用。這個領域現在叫做「老人學」（geroscience）。

這本書會告訴你老人學家現在已經知道了什麼，你如何增強你的記憶，為什麼你要有好朋友才會活得長久，為什麼你應該盡量常常跟朋友去跳舞。你會發現為什麼每天讀幾個小時書會延長你的壽命，你會發現學習一個新語言可能是對你心智最好的一件事，尤其是假如你擔心會得失智症（dementia）的話。而天天和朋友抬槓就像是大腦的維他命似的，你也會發現為什麼有一些電玩遊戲會增進你解決問題的能力。

在這同時，我也會破除一些迷思，沒有「青春之泉」這回事。在老化的原因上，缺乏保固維修比正常損耗所造成的傷害更大，你的心智並不是一定會隨著你的年齡增長而減弱。假如你遵循本書的忠告，你的大腦可以一直保持彈性，無論到了什麼年齡，你都可以去探索，去學新的東西。

我也會告訴你，老化也有好處，不只是對你的大腦，也對你的心有幫助。你會發現越老越樂觀，壓力對你的威脅慢慢減低，這是為什麼你不要去聽信別人告訴你老人家都是性情乖戾的那種話，假如你做得對，老年可以是你人生最快樂的階段。

本書分為四個部分

《優雅老化的大腦守則》分為四個部分。第一部分是社交的、情感的大腦。我們探索人際關係、快樂和易受騙等議題，來了解情緒如何跟隨年齡而改變。其次，討論思考的大腦，來看大腦各部分的認知功能如何依時間而改變。並不是所有的認知功能都會因年老而退化，有些功能反而是進步的。第三部分是有關你的身體，某些運動、飲食和睡眠可以延緩老化。

每一個章節都有實用的建議，告訴你為什麼某些介入可以增進表現，還告訴你這些介入背後的大腦科學證據。

最後一部分是關於未來，你的未來。裡面有很多愉快的議題像是退休議題，當然也有像死亡這樣不可避免的議題。

我會把前面的章節連接成一個如何維持你大腦健康的計畫，你或許可以考慮好好的研究一下。理由就像亞馬遜河（Amazon River）給我們的啟示一樣，或者說如英國的艾頓波洛爵士（Sir David Attenborough）對亞馬遜河的解釋。

一條巨大的河流

我小時候很喜歡看艾頓波洛爵士旁白的記錄片，他點醒了我很多對大自然的錯誤觀念，有一個就是我對亞馬遜河的謬見。

我一直以為世界最大的河，源頭是一處不停湧出泉水的水泉，流經陸地時神奇地湧成大河，你知道的，像大部分的河那樣。當艾頓波洛爵士宣稱亞馬遜河並非如此時，我很失望。而且大部分的河也是如此。艾頓波洛爵士在他的電視節目《生氣蓬勃的星球》（*Living Planet*）中，涉水經過一條小溪時說：「這是地球上最大的河流——亞馬遜河的源頭之一。」後來他又說：「亞馬遜河源於安地斯山脈東面的許多小河流。」這真是令人失望。這個佔地球百分之二十淡水的河流，竟然不是源於一條水源充沛的大河，而是許多小小源頭，各自貢獻一些水，最後滙集成滾滾亞馬遜河。

這種型態我們在後面會一直看到，例如〈你的記憶〉那一章。科學研究顯示，許多因素所造成的眾力，使你記憶的河流源源不絕的流動，生活輕鬆不緊張是一個因素，規律的有氧運動是另一個，上個禮拜讀了多少書、你現在有沒有感到疼痛、你睡眠好不好，都是因素。這些因素就像亞馬遜河的小源頭，各自貢獻一點，最後滙集成大河，你就能夠回憶出許多事情來了。

我們現在知道要使大腦好好工作到老年，我們需要有像安地斯山上那些小河的生活型態。要了解怎麼保持我們的智力泡騰（intellectual effervescence），這本書會涉水進入每一條小河來教你。

在我們討論的尾聲，我會告訴你科學家是如何駭進老化的分子機制，修補那個「不可避免的密碼」，想辦法逆轉這個不可逆性。身為一個夠資格申請入美國退休人員協會（AARP）的父親，我全心歡迎這個努力，不過身為一個可以申請入退休協會的科學家，熱情之餘，我還是有點科學家的壞脾氣的。

現在是再次拜訪藍格那些年逾古稀之人的時候了，因為那個時間扭曲研究的結果，現在有了新的意義。我不會替時間對人生經驗的不留情說好話，但是你會了解老年的意義絕對比疼痛和渴望回到艾森豪執政時期還多得很多。

現在是進入老年的好時機

我們其實是沒什麼好抱怨的。就人類整個歷史來說，人的預期壽命（life expectancy）只有三十歲左右。預期壽命是一個基準，代表一般平均情況，它一直在穩定上升。假如你生活在一八五〇年的英國，你差不多在四十五歲左右就掛了。現在你可以加個四十年上去，活到八十幾歲；如果你生活在一九〇〇年的美國，你大約可以活到四十九歲，一九九七年是七十六歲。

現在已經不是這樣了。在二〇一五年出生的美國人，預期可能活到七十八歲（女性活得長些，男生短些）。如果你是女性，假如你已經過了六十五歲生日，你可以預期再活二十四年。如果你是男性，你可以預期再活二十二年。這表示從二〇〇〇年起增加了百分之十，這是相當驚人的，而且這數字還繼續往上升。

假如預期壽命是個基準，代表的是一般平均情況，那麼還有什麼其他的說法？

當我們說一個生物可以活多久時，我們指的是「長壽」（longevity），或更正確的說是長壽決心（longevity determination），這個數字多多少少間接受到基因的調控。假如你用「基因長壽決心」（genetic longevity determination）這個名詞，在場的研究者會點頭微笑、表示贊同。

這個名詞跟「最大壽命」（maximum life span）不同，兩者都與「預期壽命」不同。人們很容易把它們混為一談，如果這樣做，研究者可要皺眉頭了。科學期《自然》（*Nature*）幾年前曾經公布一個簡潔的定義：「最大壽命指的是測量到的累積年數。它跟預期壽命不同，預期壽命是一個人從出生算起會活到幾歲的精算，或從任何一個年齡算起會活到幾歲的精算。」

從這個觀點看來，長壽是你在這個地球上可以活的時間，假如條件理想的話。預期壽命是你在這個地球上可能活的時間，因為條件絕不可能理想。這個差異在：你可以（can）活多久跟你會（will）活多久。

那麼，人類可以活多久？現在可以被查證出生年月日的最老的人，過完她的一百二十二歲生日才過世。但是大多數最老的人活到一百一十五歲到一百二十歲之間。當然，你必須經歷很多生物學上的風暴，才能活到一百二十歲的生日，我們大部分人是沒辦法活那麼長的，但這個機率不是沒有。

我們現在正在學習如何堅持走下去，直到生命的終點。就如這本書告訴你的，我們現在的身體和心理狀態，比歷史上任何一個時期都好。

但是這本書不是要告訴你，你會如何老化。因為老化的變異性很大，甚至是每一個人都不同。它像是先天和後天在跳精緻的狐步舞。而人類的大腦又太有彈性、對環境變化太有反應，因此成為許多大腦研究的強烈混淆因素。大腦看起來是個不能改變的硬體，但其實不是。比如說，你在讀這個句子時，發現我在句尾漏了句點　我的確漏了句點，然後我告訴了你，接著你可能去查我講的是否屬實，這個簡單的動作就真的改變了你大腦神經網絡的連接。

大腦是如何連接的

當大腦在學習時，神經元即神經細胞之間的連接就改變了。它看起來像什麼呢？神經電路有許多種可能性，有的時候是神經元長出新的連接，有的時候是放棄原有的某些連接，在別的地方形成新的連接。有時候是強化兩個神經元之間電流通過的速度，這個叫做突觸強化（synaptic strength）。

你可能在高中時就學過，大腦是由對電流敏感的神經元組成的，但你可能忘記它們長什麼樣了。要解釋神經元的樣貌，讓我先介紹一下我太太花園裡最珍貴的兩棵日本楓樹。這種樹姿態優雅，比較偏灌木而不是喬木，有著別緻的尖葉，一到秋天便轉為深紅。樹葉生長在錯綜複雜的枝上，再連結到粗短的樹幹。它的枝葉很茂密，幾乎看不到樹幹，你所能看到的只有靠近泥土的那一小截，它的根則和其他植物一樣，分叉深入泥土中，比起地面上的部分則沒那麼複雜。

雖然神經元也是有許多不同的形狀和大小，但它們的基本結構是一樣的，像花園中那兩棵日本楓樹。在細胞的一端有非常複雜的分叉，叫做樹狀突（dendrite）。這些樹狀突集中起來，連接到一個像樹幹一樣的東西，叫做軸突（axon）。然而不像我們的楓樹幹，它在這個集合的地方有個突起，這個突起很重要，叫做細胞體（cell body）。它有名的地方來自裡面有個圓圓的小東西，這就是神經元的細胞核（nucleus），細胞的指揮中心、形狀像梯子的DNA就住在這裡。

軸突可以矮胖像楓樹幹，也可以高瘦像松樹幹。許多軸突外面包著一種「樹皮」叫白質（white matter）。在軸突的另一端是一種像樹根樣的分枝，叫終端突（telodendrion/telodendron）。它們通常不像樹狀突那麼複雜，但是它們負有重要的訊息傳遞功能，我們在後面會看到。

大腦的訊息系統是用電流來傳遞的，就像大多數的燈泡一樣，而它們的形狀則有助於電流傳遞。要了解這是如何運作，先想像你把我家院子中的楓樹連根拔了一棵起來（此時我太太已心臟病發了），把它舉在另一棵楓樹的頭上，不要讓它們碰觸到。現在上面那棵楓樹的根在下面那棵樹的樹枝上徘徊搖晃。

現在想像這兩棵樹是神經元，上面那個神經元的終端突（樹根）很靠近下面那個神經元的樹狀突（樹枝）。在大腦中，電流會從上面神經元的樹狀突流到它的軸突，到達終端突，但是現在它碰到兩個神經元中間的空隙了，它必須跳過這個空隙，電流才能繼續傳遞下去。這個端點叫做突觸（synapse），這個空隙叫做突觸間隙（synaptic cleft），電流要怎樣才能跳過這個空隙呢？

解決方案在那些像樹根般的終端突的尖端。那些尖端上有像珠子一般的囊袋，裡面裝有神經科學中最有名的分子，叫做神經傳導物質（neurotransmitter）。我相信你一定聽過其中的一些：多巴胺（dopamine）、麩胺酸（glutamate）、血清素（serotonin）。

當電流訊號到達一個神經元的終端突時，囊袋中的神經傳導物質便被釋放入突觸間隙中。就好像在說：「我需要送一個訊息到對岸。」這些神經傳導物質就很負責任的駛過神經元中間的空隙，這些空隙非常的小，多半只有二十奈米寬。一旦傳過去了，這些神經傳導物質就和另一個神經元的樹狀突上的受體（receptor）結合，就像船靠岸要綁在碼頭上一樣。細胞感受到這個結合後，知道有訊息進來了，就開始行動。許多情況下，這個行動的意思就是變成電流，把它透過樹狀突傳到軸突，再到它的終端突去。

大腦利用生物化學物質來跳過兩個神經元中間的空隙，是個非常聰明的技巧，然而電流迴路通常沒有這麼簡單的。假如你可以想像把幾千個細胞般的日本楓樹，根對樹枝的連接起來，這差不多就是最基本的大腦神經網絡。即使這樣都還太簡單。一個神經元所連接的其他神經元一般說來是七千個（這只是平均而已，有些神經元有幾十萬個連接！）在顯微鏡下，神經細胞組織就像幾千棵楓樹被F5級的龍捲風掃在一堆，層層堆疊在一個小空間裡。

當大腦在學新東西時，這些結構就很有彈性的改變，當我們變老時，這些結構也隨之受損。但是為什麼人老化所造成的損害會有這麼大的個別差異，還有另外一個原因。

大腦不是只對外在環境改變產生反應，大腦還可以對它自身的改變產生反應。它是怎麼做到的？我們不知道。我們只知道假如它感覺到這個改變是負面的，它會想一些變通的辦法去解決這個問題。

細胞會受損、失去連接或是停止工作。這些改變會導致行為改變，但並非一定。原因是大腦可以用補償方式，繞過壞的路線，重新走一條新的路。

人為什麼會老是一個很熱門的話題。有些科學家認為是免疫系統的失能（免疫學理論immunologic theory），有人責怪能源系統的失能（自由基假設free radical hypothesis、粒線體理論mitochondrial theory），更有人說是系統發炎。究竟是誰對？答案是他們都對，或者說都不對，因為每一個假設都僅僅解釋了老化的一個層面。綜合起來可以說，當我們變老時，很多系統都受到影響，但是哪一個最先壞掉則因人而異了。

地球人口有多少，老化歷程就有多少種。跟你買牛仔褲一樣，不是人人都穿同一個尺寸。它的確有可識別的、可類化的型態，研究大腦可讓我們窺知一二。但是要得到正確的看法，我們還是得靠統計，雖然有時也沒有那麼清楚。不過沒關係，我們還是可以優雅的老化。

我們的目標是學習如何創造可以持續優雅老化的生活型態，以及我們可以怎麼樣過得更好。很幸運的是，美國老人學的研究經費充足，研究者發現了許多當我們的大腦老化時，我們可以做的酷事。這些年的研究綜合起來只有一件事：**科學徹底改變了我們對最佳照顧和滋養大腦的看**

法。這些發現令人著迷，很多是意外的驚喜。我們第一章就要談到最令人高興的其中一個主題：擁有許多朋友所帶來的快樂力量。

總結

- 老人學是專門研究人如何老化、究竟是什麼原因使人老化，以及如何可以減緩老化的腐蝕作用的學問。
- 老化主要是因為我們身體的維修系統壞掉，我們的身體逐漸不能適當的修補每天運作所造成的磨損。
- 今天我們活得比過去任何一個時候都長，我們是唯一能夠活過盛年的動物。
- 人類的大腦有很強的適應力，不但能適應環境的改變，也能適應身體內在的改變。你老化的大腦可以用補償方法，去彌補失功能的身體系統。

Part 1

社會的大腦

第一章 你的友誼

第二章 你的快樂

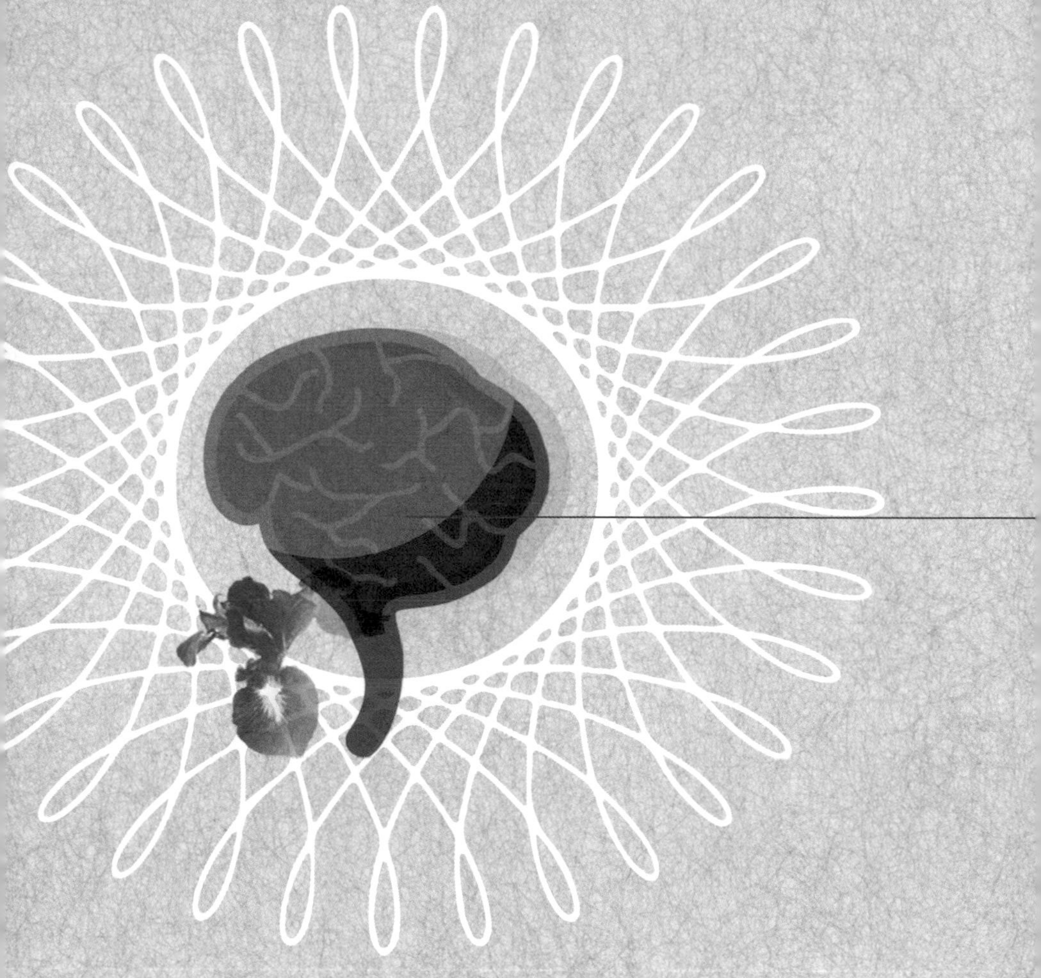

Ch. 1

你的友誼

大腦規則

做人的朋友，也讓別人成為你的朋友。

我最愛的一種痛是胃痛，
當我的朋友讓我笑的太厲害的時候。

～無名氏

到了某個時候，你必須要了解，有些人會留在你心中，但不在你生活中。

～桑迪・琳恩（Sandi Lynn），*Forever Black* 一書的作者

下面這個句子，你可能不想在你結婚後一個小時聽到你父親說：「不如這樣吧，假如你的婚姻維持一年以上的話，我給你一百塊錢。」

很不幸的是，這就是卡爾．古法特（Karl Gfatter）的親身經歷，也是他在養老院津津樂道的故事。他現在坐輪椅了，他的新娘子仍然陪伴在他身邊。他的父親可能付過很多次的一百元了，因為卡爾和伊莉莎白（Elizabeth）結婚超過七十年了。這是卡爾在慶祝他和伊莉莎白結婚七十五週年，重新舉辦一次婚禮時，對來參加的記者說的話。

養老院的老人、工作人員、牧師圍繞著他們，加上很多的歡樂、笑容，甚至還有一些眼淚，使你好像走進了電影《風雲人物》（*It's a Wonderful Life*）的攝影棚。他們兩人都容光煥發，亮得像銅鈕扣。「我們是私奔的，因為他們不准我們結婚，他們說我們太年輕！」伊莉莎白笑著說。

卡爾和伊莉莎白不知道的是，有這麼長的好婚姻，又有一屋子的好朋友，會幫助他們的大腦保持年輕。友誼和社交活動是這章的主題。我們會討論維持長久友誼的認知能量，也會談到寂寞的傷害，接著我們會談到一種能增加大腦功能、帶給大腦好處的方法。

社交：大腦的維他命

你可能找不到任何一個人比萬貫家財的繼承人、藝術的支持者布魯克．雅斯特（Brooke Astor）的社交更活躍、精神生活更充沛。到千禧年時，她是紐約社會的名媛，她的公公在鐵達尼號船難中遇難。她有三個好朋友——時尚雜誌的發行人伊蓮娜．蘭伯特（Eleanor Lambert）、前歌劇歌手基蒂．卡萊爾（Kitty Carlisle）和時尚設計師寶琳．崔格瑞（Pauline Trigère），社交行程繁忙到她一天要換四套衣服。中午在紐約市中心吃午餐，然後去參加紐約現代美術館（Museum of Modern Art）的董事會（她是董事之一），晚上去卡內基音樂廳（Carnegie Hal）聽音樂會，然後去慈善晚宴，最後在參加完慈善酒會後，返家休息，途中一路被狗仔隊追逐。

布魯克的社交活動足以使一個二十來歲的私人祕書疲於奔命。事實上，她的私人祕書的確受不了，這和四位時髦又精力充沛的女人的實際年齡相比，可說是極大的反差。基蒂是這四個人中最年輕的一個，當時九十歲，寶琳九十一歲，伊蓮娜九十六歲，布魯克九十八歲。

她們的年齡、社交生活和心智活力三者之間有關係嗎？這答案是肯定的。去問一下世界上所有愛參加派對的老人，他們都會告訴你：有關係的。**社交的互動就像維他命和礦物質一樣，對年**

長的大腦有相當大的幫助，即使在網路上跟別人互動都會有幫助。

這些研究是經過同儕審查的，所以可靠。第一個研究建立了社交互動和認知的相關性，研究者是羅胥阿茲海默症研究中心（Rush Alzheimer's Disease Center）的流行病學家詹姆士（Bryan James），他找了一千一百四十位沒有失智的老人，來看看他們認知功能和社會互動的關係。他替這些人的社交活動打分數，再測量他們十二年來整體認知功能下降的速度。他發現社交活動最活躍的人，認知功能的下降比社交最少的人慢了百分之七十。

其他的研究者聚焦在特定的認知功能時，也發現同樣的結果。有一個很有名的實驗，是去比較社交孤獨的人和社交活躍的人在記憶衰退速度上的差別。研究者追蹤一萬六千六百名受試者六年，結果發現像布魯克這種活躍的人，記憶衰退的幅度只有關在家中不跟別人來往者的一半。其他的研究也同樣確定社會互動和認知健康有強烈的相關。

甚至更好，後來的實驗不滿足於相關，他們要的是因果關係。所以他們先測量受試者的認知功能，作為比較基準，然後介紹受試者去做某種社交活動，再去測量他們的認知功能，其中發現十分鐘的社會互動就能提升認知處理速度和工作記憶。而且社交互動和大腦活力的連結數據可以維持非常久，跟美國公共電視一年一度募款的活動很相似，沒有募到預定的款項數字是不會終止的。

這個社交互動不一定必須是長期的關係，也不一定是指你有多少個朋友。研究者用「正向社交互動」（positive social interaction，通常跟大腦中多巴胺的釋放有關）、「負向社交互動」（negative social interaction，這跟緊張時，大腦釋放的荷爾蒙如兒茶酚胺〔catecholamine〕和糖皮質激素〔glucocorticoid〕有關），以及「社會交換」（social exchange，指的是互動）來形容。我會用「關係」（relationship）這個字，聽起來比較親切。但是假如你有正向的社交互動，不管是長久的還是暫時的關係，也不管是跟一個人還是很多人，都會為你的大腦帶來好處。

現在是數位化的時代了，這個互動一定要親自跟人接觸才行嗎？研究者許久前就知道，對那些行動不便、社交孤立的老人來說，網際網路或許可以提供一個完美的方式，使他們能跟別人互動，而不再孤立。視訊聊天的出現為我們提供了很好的研究機會，我們想知道：在家聊天也能提升大腦功能嗎？

這個答案也是肯定的。有一個實驗是先測量八十歲上人老人的執行功能，以及跟執行功能有關的語言能力。所謂的執行功能（executive function, EF）指的是總管行為的功能，主要由大腦前額葉皮質（prefrontal cortex, PFC）處理。前額葉皮質位在額頭的後方，可說是大腦最重要的一個部位。執行功能包括認知控制（cognitive control，例如轉移注意力的能力）、情緒調控（emotional regulation，例如控制憤怒的能力）和短期記憶。研究者在測量完老人的執行能力以作為基準後，開始為每一個人安裝視訊聊天的程式，然後開始跟這些八十多歲的老人每日聊天半個小時左右，持續六週。四個半月以後，再來測量他們的大腦。

結果發現，這些視訊聊天老人在執行功能和語言能力上都有大幅的成長，效果比每天講電話半個小時的控制組好了很多。這個結果跟其他的研究數據一致，顯示越能模擬和真人接觸，社交經驗就越豐富，對大腦越好。視訊聊天並不完美，但對那些不能經常出門和別人接觸的老人家，這無疑是天賜的禮物。

這個發現值得榮獲美國 JD Power 銀髮族顧客滿意度的大獎。這也表示你該拿出你的社交行事曆，燙平你最好的衣服，出門去參加各種活動或去參觀博物館。「社會化真的可以降低認知功能的下降速度嗎？」這個問題的答案絕對是「是的。」

那麼，社交互動為什麼有這麼大的力量呢？有兩個原因：它減少壓力，這不但能維持身體健康，還有助於維持免疫系統的功能；而它也可以讓大腦活絡起來動一動。

越多派對，越少流感

你的正向社交互動越多，你的「身體調適負荷」（allostatic load）越輕，這是神經內分泌學家麥丘文（Bruce McEwen）所提出的，他是發明「身體調適負荷」這個概念的人。「身體調適負荷」是長期下來壓力對你身體負荷能力的集合效應，包括大腦的負荷能力。你感到壓力越大，負荷越重（傷害越大）。想像壓力是海浪，你的身體是懸崖。海浪拍打懸崖越厲害，海岸侵蝕得越快，崩塌的速度越快。「身體調適負荷」是測量你身體對生活中壓力反應而產生的衰退。

壓力對我們的免疫系統有很大的傷害。免疫系統會隨著我們年老自然衰退，但壓力越大，免疫系統部件變弱的機會越大。我們現在知道原因了。在免疫系統中有一支重要軍隊叫T細胞（T cell），它們在傷口的修復上扮演重要角色，也使你比較容易從傳染疾病如傷風感冒中復原。皮質醇（cortisol）等壓力荷爾蒙會殺死T細胞，而皮質醇在不幸福的婚姻或長期性的壓力下，會大量的分泌出來。假如你生活在一個高敵意的婚姻中，那麼你的傷口會比在低敵意婚姻中的人，修復速度慢百分之四十，而且你也比較容易感冒。老人照護的專家史柯（Gary Skole）說：「在流感季節，那些出去和別人互動、多跟別人在一起的老人，傷風感冒的機率反而比在家休息的老人少。」

這些數據讓我們看到正向社交互動、壓力減低和長壽之間有越來越強的科學關係。卡爾和伊莉莎白現在一定忙著點頭，而卡爾的父親可能正在墳墓中打滾呢。

大腦的鍛鍊

社交互動對你這麼好的一個原因，是它需要很多能源去維持，所以你的大腦會不斷的鍛鍊它自己。在電影《當哈利遇上莎莉》（*When Harry Met Sally*）中，莎莉邀請哈利到她家來，因為她很需要安慰，原因是她的前男友要跟別人結婚了。莎莉哭著告訴哈利說：「這些年來，我一直告訴自己，他不想結婚，但是事實是，他不想跟我結婚。」哈利盡力去安慰莎莉，此時莎莉已是一把眼淚一把鼻涕。她哭訴著：「我真的很難相處！」哈利深思熟慮的回答：「只是需要方法而已。」莎莉說：「我太一絲不苟了，我完全自我封閉！」哈利聳聳肩說：「就算是也挺好的。」

從他們兩人的對話中，可以看到莎莉難過得不能自已，哈利卻很謹慎、平心靜氣地安慰，兩人在這可愛的一幕中所耗費的能量是相當大的。這一幕也刻畫出一件事，也是科學家很早就知道的：友情是需要培養的，尤其是有血有肉的患難之交，這是因為社交互動是需要下功夫的。我這裡說的下功夫，意思是牽涉到生物化學和能量的消耗。有些科學家認為社交互動是最複雜、耗費最多大腦資源的有意識行為。每一次你在雞尾酒會中與人寒喧，或像上面的哈利一樣安慰一個朋友，大腦所耗的認知資源跟你跳有氧舞蹈一樣的多。

科學期刊《自然》的一個作者華德（Chelsea Wald）說：「研究人員推測，社交活動會消耗大量認知能源，其實可以幫助大腦強壯，就像運動可以使肌肉強壯一樣。大腦的儲備功能（brain reserve）會把它保存起來，預防未來的功能流失，這甚至對一些疾病像是阿茲海默症都會有幫助。」

假設你是一個科學家，你假設社會互動是認知的柔軟體操，你可能假設社會互動越多，你動用到大腦負責這些互動的區域越多，你可能更進一步假設神經組織會因此變得更大、更強、更容易活化。你可能還猜測會有所謂的透印效應（bleed-through effect），因為大腦大部分區塊的工作都跟別的區塊緊密連結，全都身兼多職以創造出無數的功能。從細胞到行為都可以測出有沒有成長。

科學家的確也這麼做了，雖然數據上大部分只是相關，但是的確有成長。

讓我暫停一下，來解釋幾個名詞：社會活動（social activity）、社會網絡（social network）和社會認知（social cognition）。研究者對這三個名詞的定義跟社會大眾差不多，尤其如果這些大眾會用神經基質（neurological substrate）這種名詞的話。社會活動是真的跟別人互動，不論是出去划船或出去約會。社會網絡是有多少人你願意跟他們出去划船或約會，通常是親密的朋友和家人。社會認知是你跟別人社交時所用的心理（也就是神經上的）基質。

下面的研究都顯示了大腦是可以被操練的。

如果你越維持你的社會關係，你額葉（frontal lobe）某個地方的灰質（gray matter）細胞越多，這表示社會關係對你的額葉就好像奶昔對你的腰圍一樣。額葉座落在你眼睛的後方，範圍涵蓋到頭的中段（你戴髮箍的位置），是大腦裡一個很大的區域。這個部位跟一個認知功能叫「心智功能」（mentalizing）或是叫做「心智理論」（theory of mind）有關係。心智理論是指能夠了解別人心智狀態的能力，尤其是動機和意圖，有點像讀心術。能夠了解別人的意圖和想法，在建立及維持社交關係上非常重要，我想你可以想像它的必要性。

額葉也跟預測你自己行為的後果有關。它幫助你抑制在社交上的不當行為，甚至是做比較性的決定。額葉是很重要的一個大腦區域，基於多種理由，你都應該好好照顧它。

杏仁核（amygdala）在你雙耳後面，是個像杏仁形狀的神經結節（nodule）組織，負責處理你的情緒。它也會受到社交活動的影響，你維持的社交關係越多，種類越不同，你的杏仁核越大。假如你社交網絡的人數增加為三倍，你的杏仁核就變為兩倍大，所以這改變是很大的。你可能會想，我怎麼有辦法跟這麼多人互動呢？研究告訴你，你只要維持五個最親密的關係，就可以額外增加一百五十個不同程度的朋友，因為每一個核心朋友都有他自己的核心朋友，一擴散出去就很大了。

社交活動同時也影響一個地方叫**內嗅皮質**（entorhinal cortex），這個地方幫你回憶重要的事情，如你的初吻。這個羅曼蒂克的神經束同時也幫助你處理其他的記憶和社會知覺（social perception）。它位於顳葉（temporal lobe），即最靠近你耳膜的大腦部位。

現在的網際網路很發達，跟真人溝通與用網路溝通在大腦上有差別嗎？有。例如，只有在跟有血有肉的人溝通時，非杏仁核區如額葉和內嗅皮質當中的灰質才會改變。相較之下，杏仁核密度的改變則跟網路社交網絡大小和真人互動的多寡兩者都有關聯。這樣的差異滿特別的，原因目前還不清楚。

但是，不是所有的互動都是平等的，你只要看美國隨便一個經營不善的辦公室每天的情形就了解了。

從地獄來的上司

上司把不悅寫在臉上，就像他的中指戴著貞潔戒指（purity ring）一樣。他公然把跟下屬私人談話的內容公布出來，搞得四十名員工全都知道了。這名員工已經在公司做了四十四年了。當這名員工想請假去醫院看他突然生病住院的女兒時，上司說：「有什麼好看的，你根本什麼忙都幫不上，難道你要去握著她的手嗎？」

我形容的這些，是網路上一直在傳、長期以來的劣質工作場所人際關係，是想告訴你，**並不是所有的社會互動都是好的，像這種負面的人際關係就是不健康的**。研究顯示有益健康的並非社交互動的總數量，而在於個別互動的品質。北卡大學教堂山分校（University of North Carolina at Chapel Hill）的研究者說：「好品質的社會支持跟僅是算人頭的社會關係不同，好的社會支持對中年的身體健康很重要，這效應會一直持續到老年。」

行為實驗室列出所有好的和不好的人際關係。跟競爭心很強、總是要贏的人互動，對你的認知一點好處也沒有。跟喜歡情緒控制你、管閒事，或喜歡用言語攻擊人（如前述的上司）的這種人，要少來往，當然能不來往最好。

放下你的「本我」

什麼樣的互動對你的大腦好？你必須願意從別人的觀點來看事情，主動去了解不同的角度所看到的情形。你可能同意或不同意別人的意見，但是你的努力會把一個普通的談話變成一個有意義的大腦食物。假如它看起來很像我們前面談的心智理論，你就對了。這也是一個比較科學的善意說法，其實就是在說：**不要這麼自我中心**。這個忠告對年輕人來說，也是一樣健康。常常跟人來往，不管你是什麼年齡，你的大腦都會感謝你，不是只有老了才要和別人來往。

你可以創造出一個有利於良好人際關係的環境。社會心理學家亞當斯（Rebecca Adams）好幾年前，在《紐約時報》的一個訪問中說明了方法，就是花時間耕耘下列這些事：

- **一再非刻意計畫的跟別人互動**：常常很自然地去找朋友出來吃飯、聊天。
- **親近**：跟朋友和家人住得近，這樣才有機會碰到他們。
- **營造環境**：你可以營造一個舒適的環境，使別人很容易卸下心防。

所以亞當斯講，難怪我們最親的朋友多半都是在大學時結交的，因為那時的條件完全符合上述的要求。

如果我們能有不同年齡的朋友，包括小孩子是最好。這個看法可能超越我們文化的觀點，但沒有超越我們文化的數據。我們知道老人有越多各種不同年齡的人際關係，他的大腦越能受益，尤其在跟學齡兒童互動時。因為它可以減少壓力，降低情緒毛病如焦慮症和憂鬱症的發作機率，甚至可以降低死亡率。

這樣的結果有很多原因。年輕人跟老一代的看法總是不一，這表示跟不同世代的人在一起，會增加體驗不同意見的機會。你所聽到的音樂可能跟你平常習慣聽到的不同，你可能讀到不同的書，聽到不同的笑話，這就大大的增廣了你生活的角度和視野。假如你經常從別人的角度來看事情，就是在鍛鍊大腦的一些重要區域。有句諺語：「有時候你需要和三歲小孩說話，才能再度了解生活。」（Sometimes you need to talk to a three-year-old, so you can understand life again.）這句話是對的。何況，假如你的朋友都是老人，那麼你所參加的葬禮一定多於婚禮，沒有什麼比看到身邊的朋友一個個凋零更讓你感到悲哀和寂寞的了。有年輕的朋友在身邊，就好像打開一罐健康生活萬花筒，有閃亮的婚禮和快樂的滿月酒。從統計上來說，你的年輕朋友一定活得比你長，所以你不必擔心要去參加葬禮。

很高興的是，這種混齡友情對孩子也有好處。平常有跟老人互動的孩子，他們解決問題的能力比較強，正向情緒的發展比較好，語言學習也比較快。老人通常比較有耐心，對事情的看法比較正面，因他們扶養過孩子，對孩子也比較有經驗，知道孩子要什麼。這種去聆聽、去同情、去包容的能力，對雙薪家庭中長大的孩子特別重要。孩子都是需要大人關心的，當父母忙於生計時，老人家填補了這個空隙。小孩子的要求很多，老人家如果能耐心陪伴小孩、包容他們的小毛病，剛好可以利用這次機會，重新享受當個好家長的樂趣。

所以去做你孫子最愛的祖父母吧！去做他的導師、朋友和心腹。想辦法讓你的婚姻和諧，跟鄰居相處，常去找朋友串門子。

但是假如你不是這樣的話呢？

所有的寂寞老人

對於寂寞和老年，研究者發現三個重要的事實：第一，寂寞的確會隨著年齡增加，跟皺紋一樣。有百分之二十到四十的老人感到寂寞，這個數字因不同研究而有不同。第二，人一生中不同時間的寂寞不同，呈現一個U形的起伏。第三，寂寞是憂鬱症最大的危險因子。

寂寞的定義就像一堵牆那樣顯著。你想要跟別人在一起而你不能，所以你感到難過。但是，在科學上來界定寂寞就有些棘手。有些人喜歡自己一個人獨居，有些人寧可跟寵物相處，而不喜歡跟人來往，但是也有人每一分鐘旁邊都要有人。研究者用「客觀的社會孤立」（objective social isolation）來形容那些獨居者（有可能是他的選擇），用「真正社會孤立」（perceived social isolation）形容不想獨居卻不得不獨居，真正感受到寂寞的老人。下面是實驗室的定義：「一個人對他的社會活動在質和量（尤其前者）上都沒有控制。」

科學家同時用心理計量（psychometric）的測驗去測量上面那句話的意義。這個測驗是在地球上最不寂寞的地方——南加州——發展出來的，叫做「加州大學洛杉磯分校寂寞量表」（UCLA Loneliness Scale），下面是研究者的發現。

我們在青春期的後期開始覺得寂寞，這個感覺在成年後慢慢遞減到中年期。這是很自然的：我們經歷了學校、工作、孩子，我們身邊圍繞著人，無暇感到寂寞。我們的朋友人數在二十五歲時到達頂點，然後慢慢往下掉，到四十五歲時，平了下來。五十五歲以後繼續往下掉，最後完成U的寂寞圖形。

這個數據因不同研究有所限制和差異，所以這個U形有點不穩。七十五歲的人有他們一生最不寂寞的時光，八十歲生日過後的一到兩個月卻是最寂寞的時光。沒有錢的老人比有錢的老人更寂寞，寂寞程度可以到三倍。結婚的比單身獨居的不寂寞，這一點在所有年齡組都一樣。但是有夫妻關係親密的婚姻品質，對老人家來說比對年輕人更重要。身體健康也是決定老人家會承受多大孤獨的一個重要因素。

社會孤立會導致什麼結果？

你越孤獨，你越不快樂，研究者認為這個原因深藏在演化中。從生物學來講，人類是太虛弱了，沒有辦法單獨在大自然中存活下來。因此我們的大腦開始對社會孤立產生負面的反應，迫使我們去過團體生活。團體合作以及我們為了合作所發展出來的心智能力，是我們能夠在達爾文的演化論中生存下來的原因。所以我們才能夠活得夠久，把基因傳下去。

當我們寂寞的時候，我們的生活狀態也不會很好，其一是因為我們的社交行為開始退化。例如沒有人幫你梳理，你自己就不會整理儀容了。還有你越來越沒有辦法去照顧自己的生活，例如沒辦法自己洗澡、上廁所、吃飯、穿衣服等等，以及沒辦法下床，這些都會讓你感到寂寞。其中有些可能跟迎面而來的憂鬱症侵襲有關係，寂寞的老人特別容易得到憂鬱症。

寂寞老人的免疫系統也不好，所以無法像別人那樣抵抗病毒的感染或癌症。他們血液中的壓力荷爾蒙比較濃，因此容易引發各種毛病。其中最主要的就是高血壓，而高血壓使他們容易得心臟病和中風。寂寞也影響整個認知功能，從記憶到知覺速度都受影響。寂寞甚至是阿茲海默症的危險因子。

長期性的寂寞會使你落入惡性循環。你可能知道老化會帶給你身體上的病痛：有些器官組織會壞掉，而且沒有辦法修復；有些身體部位特別容易老化，疼痛也會加劇，關節炎就是一個例子。這些身體的不舒服會影響你跟別人談話的主題，也影響你的行動能力和你的睡眠。這些都會讓你變得越來越難相處。你越是有負面情緒整天抱怨，人家越是不願意跟你在一起。社交活動越少，你越容易陷入我們討論到的問題中，然後變得越沒有辦法再跟別人社交互動，人家也就不來拜訪你了。所以你越寂寞就越沒有朋友，越沒有朋友就越寂寞，變成一個惡性循環。這時就是憂鬱症來攻擊你的時候了。到八十歲時，寂寞是憂鬱症一個最危險的因子。它是神經方面疾病的溫床，我們在後面的章節中會詳細地談到它。

對老人來說，社會孤立最戲劇化的效應就是死亡。孤獨老人的死亡率比有朋友的高了百分之四十五。這個數字是在控制了身體疾病和憂鬱症之後，仍然如此。假如你沒有很多朋友，你會比你原本能活的年齡死得更早些。

大腦的發炎

一個記者問茉莉．霍頓納斯（Molly Holderness）太太：「你覺得活到一百零三歲最好的地方在哪裡？」茉莉馬上很幽默地說：「沒有同儕壓力。」

茉莉很幸運，活到這個年齡，心智還很清楚。很多老人沒有這麼幸運，尤其是年老的女性。神經科學家佛瑞帝格羅尼（Laura Fratiglioni）懷疑是否因為男性通常比女性早死，留下女性自己一個人單獨生活，所以女性罹患失智症的情形比男性多，尤其是八十歲以後的老婦人。這是不是因為社交孤獨的關係呢？佛瑞帝格羅尼認為這的確有相關。獨自生活的女性及那些缺乏強烈社會互動的人，比那些與人同住、有社會支持、常常跟朋友互動的人，罹患失智症的機率高很多。

這個現象背後的大腦神經機制現在得到很多的關注。一個清楚的因果關係圖像浮現出來了：極端的寂寞會引起大腦的損傷。

這是一件大事，值得我們好好的來討論。它所牽涉到的生物機制跟你戳到腳趾頭時，竟是同一個生物機制。

你一定知道什麼叫發炎。你戳破了腳趾頭，細菌就發動小人國大軍，趁機來攻擊你，你的腳趾頭就腫起來了、紅通通的，你痛得飆上幾句粗口。一般來說，發炎牽扯到很多的分子細胞，包括一個叫做細胞因子（cytokine，又稱為細胞激素）。這個發炎的反應通常不會很久，幾天以後，細胞因子把侵入的細菌殺光了，腳趾頭就不腫了。這就是急性發炎。

但是還有另外一種發炎跟戳到腳趾頭有關，也跟細胞因子有關，但是跟我們的故事更有關，叫做系統性的發炎，或者叫持續性的發炎。他們的差別就在名字上：一個很快就消腫，另一個持續了很久。這個長期性的發炎會遍布全身，好像你全身的主要器官都像腳趾頭一樣發炎，於是造成你身體產生系統性的、低強度的發炎反應。

不要被這個「低發炎程度」給騙了。長時間的系統發炎會損害我們的細胞組織，就好像酸雨會損害我們的森林一樣。它甚至會傷害大腦，尤其是白質。白質是神經纖維上面包的髓鞘（myelin sheath），它是一個絕緣體，使電流通過的時候不容易短路。沒有白質的話，大腦的功能不能夠執行得很好。

你的身體怎麼會出現系統性的發炎呢？方式有很多種，包括環境的因素，如抽菸、暴露在汙染中，或者是肥胖，都可能會引起系統性發炎。而壓力向來等於行為上的胃酸逆流，也會引起系統發炎。根據卡內基美隆大學（Carnegie Mellon University）認知軸突實驗室（Cognitive Axon Lab）的主任維斯帝能（Timothy Verstynen）的說法，寂寞也會。他在二〇一五年的實驗發現，長期的社會孤立會增加系統發炎的程度。

寂寞會對人體造成多大的傷害？聽了你會嚇一跳，竟然跟抽菸或者是肥胖所造成的程度一樣。這個背後分子生物學上的機制是一個三步驟的惡性循環：(1)寂寞引起系統發炎，(2)系統發炎損害大腦的白質，(3)白質的損害引起行為的改變。行為的改變就使別人不愛跟你來往，結果就是越來越少的社交互動，然後重複這個循環。

假如寂寞這麼容易引起大腦的病變，我們應該認真想一想，社會應該如何來幫助老人不寂寞，老人也應該如何幫助自己不寂寞。我們真的要感恩我們有朋友，假如我們的朋友很少，那麼我們就要想辦法使朋友變多。

文化的改變

隨著你年紀漸長，要增加你的朋友不是那麼容易。研究發現你一直在增加朋友直到二十五歲左右，然後朋友的數量開始慢慢地往下滑，一直下降到你中年為止。二次世界大戰後出生的嬰兒潮世代（baby boomers），在他們老年時都失去朋友。他們比前一個世代的人，在老年的時候，社交互動少了很多，而且是跟家人、朋友和鄰居等各種類型的人互動都變少。

社會學家認為這個下降有很多的原因，至於確切的原因，科學家尚未有定論。有人認為這是因為嬰兒潮世代在生育期時不停的搬遷，這表示他們的社區是不停的形成，又遷走，又形成，又遷走，使人們無法形成一個豐厚長久的友誼。因此這個世代不能像他們前一個世代那樣，因為停留在某一個社區很久，所以形成穩定的友誼。我的祖父母會去參加他小學一年級同學的金婚紀念宴，這種情形在現代幾乎是不可想像的。

在已發展的國家中，現在人比上一代少生了很多的孩子，這對老人的寂寞是雪上加霜。也就是說，隨著時間發展下去，未來人們的叔叔、伯伯、阿姨、嬸嬸都少了很多，更不要說表兄弟姐妹和堂兄弟姐妹了。雖然這也同時表示不必去參加很多家庭聚會，省了很多的麻煩，但是這也減少了與親戚維繫長期關係的機會（即便你都沒有搬家）。那麼一來，你沒有知心的朋友，也沒有多少家人來支持你，你甚至說不上有個家。這就好像一灘死水容易長蚊子，是在助長孤立，這對你的大腦是有害的。

除此之外，友誼的性質也改變了。數位化讓現代人不需要面對面的溝通和互動。最近有一個實驗就是來看數位化對老人社會互動的影響，我在後面的章節中會再來討論它。

重點是，環境的壓力會使獨居老人比以往面臨更大的風險。這個真是很糟糕，在大腦已經因為自然的原因開始退化了以後，它最不需要的就是社會的隔離了。

不過還不只是這樣，先天在這裡扮演的角色跟後天一樣重要，我們下面就要談到它。

臉部辨識

面孔失辨識症（prosopagnosia）是一個很難發音的英文字，得了這種病就更辛苦了，他們沒有辦法做到一件連嬰兒都做得到的事：辨識人的面孔。他們可能認識你很多年，但是假如你在五分鐘後走進這個房間，他們卻沒有辦法認出你。他們也沒有辦法認出其他的人，雖然他們往往可以認得東西。他們可以認得帽子、眉毛，甚至他們還是知道「臉」的概念，但就是認不出人。

得到面孔失辨識症（又稱為臉盲症，face blindness）的人，通常要依賴特殊的方法來過社交生活。他可能要記得家人平常所穿的衣服，用這個來辨識誰是誰。他可能用走路的姿態或者特定的姿勢來辨識工作上遇到的人。已故的神經學家薩克斯（Oliver Sacks）就是一個有名的面孔失辨識症患者，所以他常常要他的客人配戴名牌，使他能夠知道誰是誰。

難怪有這種毛病的人在社交上會非常的退縮，通常他們會有社交的焦慮症。這是有道理的，因為大部分的社交訊息是從臉上表現出來的。一個人是快樂還是悲傷，是滿意還是厭惡，可能是敵是友，都會透過他的眼睛或面孔表現出來。有面孔失辨識症的人不知道別人的感覺，常會回到電視影集《陰陽魔界》（*The Twilight Zone*）那種世界裡，別人認得你，但是你卻不認得他，這會使人逃避。薩克斯後來就不再參加研討會，也不再參加大型的派對了。

面孔失辨識症跟大腦有個地方叫做梭狀迴（fusiform gyrus）有關係。梭狀迴在大腦下方，脊椎進入腦殼的地方附近。中風或者各種頭部創傷都有可能傷害到梭狀迴。面孔失辨識症跟眼睛的顏色一樣，是有遺傳性的，也就是說如果父母有，你也可能會有。一般來說，大約百分之二的人會得這種病，而比較輕微的面孔失辨識症症狀，似乎也跟我們正常的老化有關係。

當人的年歲逐漸增加時，他們會逐漸失去辨識熟悉面孔的能力，他們也逐漸無法辨識那些面孔所帶來的情緒訊息。我們現在知道原因了，這是因為從梭狀迴到大腦其他地方的神經迴路——白質神經纜線——逐漸失去了結構完整性。面孔失辨識症讓我們了解腦科學的一個重要原理，就是大腦每個地方都有它獨特的功能，當這個地方受損時，這個功能就改變了，或者是消失了。

這種行為的缺失並不是全面的，老人可以辨識強烈的情緒，例如驚訝、快樂甚至厭惡。事實上他們在厭惡的測驗上，分數比年輕人還高。但是他們對於悲傷、恐懼或者是憤怒的分辨能力就沒有這麼好。很不幸這兩種問題是一起來的：銀髮族不太認得出他們熟識的人，有一點像輕微的面孔失辨識症，同時他們在辨識對方的感受上也很困難。

那麼，這些銀髮族不去參加社交活動是因為他們有上述的缺失、類似面孔失辨識症患者嗎？他們跟面孔失辨識症患者退縮的原因是一樣的嗎？雖然這還需要更多的研究，但是答案可能是肯定的。就如我們上面討論到的，隨著年齡漸長，人們開始不去參加社交活動（還記得前面說過社交活動的最高點是二十五歲，然後慢慢地降低直到五十五歲嗎？），這個降低在老人身上特別顯著。很有趣的是，在實驗室長大的猴子也有同樣的情形，當牠們老的時候，就逐漸不跟其他的猴子來往了。

我們在前面談過心智理論，當你年紀越大時，你洞悉別人心中在想什麼的能力就越來越下降。有個實驗室作業叫做「錯誤信念作業」（false belief task）：你要去猜別人心中在想什麼。以成人而言，年輕的大約可以猜對百分之九十五，年紀大的可以猜對百分之八十五。這個分數隨著年齡而下降，到八十歲的時候，正確率降到百分之七十以下了。原因似乎跟前額葉皮質的一個區域有關係，這個區域的機能活動隨著年齡而改變了。前額葉皮質從演化上來說，是最後發展出來的大腦皮質。它是大腦最能幹的部位，從做出決策到性格養成通通在這裡執行。我們在後面會看到，所有人之所以為人的各種能力多半是在這個地方執行的。

臉部辨識能力的改變和洞悉心理能力的改變，兩者之間有沒有可能有關聯呢？如果有的話，兩者有沒有可能是許多老人面臨社會孤立的先天因素？這個答案我們現在不知道，但是既然我可以用科學的方式來告訴你，就表示我們這方面的了解已經比幾年前進步了很多，甚至已經發展到可以介入的程度。具體的研究讓我們看到如何去改善寂寞的負面效應，所以下面我們就來談這些步驟。

徹夜跳舞

拉脫維亞的芭蕾舞者巴雷斯尼科夫（Mikhail Baryshnikov）和美國的亞斯坦（Fred Astaire）年齡相差了半個世紀，但是這位拉脫維亞的芭蕾舞者對亞斯坦的崇拜是顯著可見的。亞斯坦是美國好萊塢的電影明星，同時也是一位傳奇的舞者，他幾乎跟所有二十世紀的電影女主角跳過舞，他也跟掃把、旋轉的房間、鞭炮，甚至他自己的影子跳過舞。原籍蘇聯後來歸化美國的傳奇芭蕾舞者巴雷斯尼科夫說：「沒有任何一個舞者在看過亞斯坦跳舞以後，不會覺得自己是入錯了行，應該去走別條路。」亞斯坦開設了加盟連鎖舞蹈教室，在這樣的大力鼓吹之下，激發了美國整個世代的人走出屋外、徹夜跳舞。身為一個大腦科學家，看過他似乎毫不費力的跳舞，我覺得他應該再來激發我們跳舞的動機。很不幸的是，他在一九八七年以八十八歲的高齡過世了。

我這麼熱心的來介紹他是有科學上的原因的。跳舞是個有規律動作又必須社交互動的活動，談到跳舞的好處，科學論文可以鋪滿整個跳舞教室的地板。跳舞在科學上的好處幾乎是好到令人不能相信。

有一個研究是讓六十歲到九十四歲的健康老人，每個禮拜一次去參加一個為期六個月的跳舞課程，每次一小時。研究者在跳舞課程開始前，測試他們的各種認知能力和動作技能。然後在六個月課程結束後，再來測量，他們也同時測量沒有參加跳舞課程的控制組。

這個實驗結果的好，好到好像抽到莫斯科大劇院的免費票一樣。在六個月之內，老人家手部的協調進步了約百分之八，這是用標準的反應時間分析（Reaction Time Analysis）的作業來測量的。百分之八聽起來好像沒有很多，但是假如你考慮到控制組的人成績其實是下降的，那就很多了。另外也測驗了認知功能，包括短期記憶、流體智慧（fluid intelligence）以及衝動控制（impulse control），參加跳舞課程的人大幅增加了百分之十三。跳舞組的姿態和平衡增加了百分之二十五左右，這個測驗用的是所謂的力量平台（forced platform）測驗，而控制組的成績也是下降的。雖然才跳半年，但舞蹈組成員的動作方式和思考方式都不一樣了。

研究發現跳哪一種舞似乎沒有關係，隨便是探戈、爵士舞、騷莎舞、土風舞或是交際舞都可以，它們的旋轉魔法都可以對大腦產生影響。研究也顯示，其他形式的規律動作，例如太極或武術，在同樣的評估上通通都對大腦有幫助。

有一個最令人想不到的發現，就是參加活動課程的老人家摔跤的次數變少了。在練習太極的課程期間，老人家摔跤的次數減少了百分之三十七。摔跤對老人家來講，不是一個小事情，他們最在乎這件事的原因有兩個：頭會受傷和銀行帳戶會縮水。在美國，老人家摔跤所支出的醫療花費一年超過三百億。在澳洲，老人家跟摔跤有關的受傷花費佔全國健康支出的百分之五。亞斯坦顯然是做對了一件事。

跟人的接觸

為什麼跳舞這麼有效？事實上我們並不確定。無疑地，運動顯然是一個原因。跳舞時，你不但要學習和記得舞步，還得有精力去把這些舞步跳出來。這裡還有社會化的議題，在大部分的研究裡，一個房間充滿了人，他們要跳舞至少要兩個人社會互動，通常是成雙成對，就好像低消要兩杯酒一樣。

最後，跳舞是面對面的互動。這裡我們有一個相當驚奇的發現，跳舞其實都有某種程度的人跟人的接觸，看是哪一種舞蹈。這個對任何人來講都是很重要的，尤其是對老年人。一些知名科學家已經研究過接觸對老年人及其他人的大腦有什麼好處。邁阿密大學（University of Miami）觸覺研究所（Touch Research Institute）的主任費爾德（Tiffany Field）研究的是按摩而不是跳舞，她是發現跟人接觸可以大幅提升大腦認知和情緒功能的先驅。

幾乎每一個被費爾德測試過的人都顯現出接觸的好處，最老從養老院中的老人，最小到新生兒加護病房（neonatal intensive care unit, NICU）中的初生小嬰兒，都受到接觸的好處。

費爾德發現你不需要雇用專業按摩師，就可以得到這個好處，甚至非專業人士如你的朋友，偶爾的接觸也有助於鞏固人際關係。不過這種碰觸必須是被歡迎的，而不是性騷擾的。她發現一天只要接觸十五分鐘就夠了。這可能可以解釋為什麼跳舞會有幫助，因為你在跳舞的時候，你接觸舞伴的時間其實不只十五分鐘。

這裡就引發出一個很實際的忠告，假如你是年輕人，請學學跳舞，然後繼續保持這個活動一直到你退休以後。假如你已經到了考慮退休的年齡的話，那麼這個忠告對你來說，就更好、更需要了。假如你已經會跳舞，那麼去找一個平常可以固定跳舞的地方，假如你不知道怎麼跳舞，趕快去上課，然後開始跳舞。

這也幫忙解決一個數位化的問題。你知道我一直認為社群媒體對年長的男性女性來說，都是一個很好的社交場所，尤其是那些行動不便的老人。但是面對面溝通的好處不言而喻，所以假如你可以選擇，一定要選擇面對面的溝通。盡量讓別人跟你一起呼吸同樣的氧氣。是的，這種接觸會有麻煩，但是這是遲暮之年的大腦所需求的。你可能覺得跳舞很不自在，或者你可能寧可打字也不要面對面的說話。然而人類在數百萬年的演化當中，都是面對面跟有血有肉的人互動的，不是跟電腦的CPU和伺服器互動的。

社會化對大腦的好處很大，因此跟其他的人在一起是最自然不過的事了。

總結

做別人的朋友，也讓別人做你的朋友。

- 維持一個有活力、很健康的社交團體，這會在你逐漸老化的時候，增加你的大腦認知功能。
- 低壓力、高品質的關係，例如一個很和諧的婚姻，對長壽特別有幫助。
- 經營跟年輕人的友誼，可以幫助你降低壓力、減少焦慮，還可避免憂鬱。
- 寂寞是老年人得憂鬱症最大的危險因子，過度的寂寞會引起大腦損傷。
- 跳舞，跳舞，跳舞。它的好處包括運動、社交互動以及增加認知功能。

Ch. 2

你的快樂

大腦規則
耕耘感恩的態度

皺紋只是告訴你，這裡曾經有過笑容。

～馬克吐溫

快樂不過就是身體健康和記性不好而已。

～史懷哲

最近有一張生日賀卡引起我的注意：「壞脾氣老人的待辦事項」，內容是：

一、叫孩子滾開我的草地。
二、對鄰居怒目而視。
三、寫尖酸刻薄的信。
四、把某個人從我的遺囑中除名。
五、在高速公路的超車道上慢慢地開車，而且一直打著方向燈表示我要過去。
六、再叫孩子滾開我的草地！
七、買很多「不准侵入」的牌子！
八、告訴那些龐克，在我的時代這完全不算什麼。
九、氣呼呼地發一會兒牢騷。

卡片打開，裡面則寫著：

十、祝你生日快樂！

從這張生日卡上面的重點字看來，對很多人來說，老人就是喜歡發脾氣。但是老人家真的都是這樣嗎？也有人認為銀髮族是仁慈、有耐性、有智慧的，這些字眼通常不會跟壞脾氣、發牢騷連在一起。我的經驗裡我祖父母就是這樣。從研究的觀點來說，這些問題需要很嚴謹的去界定。甚至，究竟快樂是什麼意思？研究者無法給出一個統一的定義，但是我會同意研究心理學家狄納（Ed Diener）的定義。他說快樂就是「主觀的幸福」（subjective well-being）。正向心理學的創始人塞利格曼（Martin Seligman）界定樂觀是「知道不好的事情不會永久存在，而好的事情會回來。」前者是現在的情形而後者是對未來的態度，這兩個看法都非常的重要。我們下面會看到我們對於樂觀經驗的渴求，以及我們回憶快樂經驗的能力，會因為時間流逝而更強。

向前看，向上升

很久以來，人們都搞不清究竟人老了以後是會比較抱怨發牢騷，還是會比較快樂，還是跟年輕時候一樣。有一些研究發現老人真的很像彼得兔（Peter the Rabbit）的創作者碧雅翠斯・波特（Beatrix Potter）筆下的「壞脾氣園丁麥克格瑞格」（Mr. McGregor）那樣，年紀越大脾氣越壞。或許是因為這些被研究的老人的生活裡，總是在面對無法舒緩的關節炎、一個又一個葬禮，以及無盡的寂寞。其他的研究則顯示出相反的情形，老人變得比較快樂，對環境適應得比較好，變得像演員費里曼（Morgan Freeman）在電視劇《神的萬物論》（*The Story of God*）中所扮演的智者一樣。或許這是因為他們住在一個有智慧的環境裡，他們知道如何去避免傷心，使自己在社交生活上豐富，彼此共享心靈上的洞見。讀者們，你們認為哪一個比較對？是波特的還是《神的萬物論》？

很高興的是，後來的研究讓我們了解得更清楚，而且結果大部分是正向的。人們真的會隨著年紀增長而越快樂，但是一個很重要的前提是沒有憂鬱症，我馬上會解釋為什麼。人變老的時候，他們的情緒會比較穩定，比較容易和睦相處，而且做事比較盡心盡力。這個差異其實很大，有一個心理研究發現六十幾歲的人，他們情緒穩定的分數比二十幾歲的年輕人高了百分之六十九，銀髮族在和睦相處（agreeableness）的測驗上分數還要更高。

那麼為什麼過去的研究和最近的研究在分數上有這些差異呢？這是一個典型的誤差。因為大部分以前的研究沒有把老人生活的環境經驗考慮進去，包括應該要控制他們的社會經濟條件，例如：財富、性別、種族、情緒、教育程度、工作的穩定性，甚至在哪一年出生的，都會造成差異。若是出生在經濟大恐慌時代的老人家，他們跟二次世界大戰以後所出生的嬰兒潮世代，所顯示出來的快樂指數曲線圖（happiness profile，一種可顯示人們最快樂與最不快樂是哪些年的圖表）

不同，而這兩種人的快樂指數曲線又跟千禧世代不同。你有沒有孩子也是一個因素，婚姻的滿意度會隨著孩子的年齡起起伏伏，嚴重地影響一個人的快不快樂。婚姻滿意度的最高點是你的孩子離開家、搬出去住的時候，即所謂的空巢期（empty nest）到退休的這段期間。婚姻滿意度最低的時候是你的孩子正值青春期的時候。

如果我們繼續深入統計，並且把上面的部分因素考慮進去，會發現人生快樂滿意度的曲線是向上延伸的。美國國家老年研究院（National Institute on Aging）觀察了幾千個從一八八五年到一九八〇年出生的人，便是得到這樣的結果。就如一個期刊所說的：「人的幸福感在**每一個人**的生活中都是一直往上升的。」另一個研究也是在控制了同樣的變數後，得到同樣的結果。這個研究觀察了一千五百名以上從二十一歲到九十九歲的人，結果發現人越老，正向的情緒越往上升。

假如這是故事的結尾，那麼我們就可以吹著快樂的口哨，包包收一收，結束這一章。很不幸的是，在情緒上面，並不是每個部分全都變好，這樣的提升也不會一直持續，並且也不是每一個人都是如此。在我們說明這個部分之前，我們來看一下為什麼有人可以快樂這麼久。

爵士樂歌手路易・阿姆斯壯

一九六〇年代末和一九七〇年代初屬於搖滾時代，然而當時最鼓動人心的一首歌並非出自搖滾樂團，而是出自一位傳奇爵士樂手，這首歌是路易・阿姆斯壯（Louis Armstrong）所唱的《多麼美好的世界》（*What a Wonderful World*）。歌詞是這樣唱的：

我聽到嬰兒哭泣（I hear babies crying.）
我看到他們成長（I watch them grow;）
他們會學得比我更多（They will learn much more than I'll ever konw.）

接著，他驚嘆這個世界是多麼的美好。有些人不認為這個世界是裝了玫瑰水的半滿杯子，因為那時冷戰正是最盛行的時候，越戰正在打，這個世界哪裡有這麼好，對不對？阿姆斯壯當然也聽到了這些批評，所以在一場音樂會的開始，他跟聽眾們說：

「你們這些年輕人跟我說：『嘿，老爹，這個世界哪有這麼美好，你沒有看到到處都是戰爭嗎？你說這叫做美好嗎？』聽老爹我說幾句好嗎？對我來說並不是這個世界不好，而是我們的所作所為不好。我想說的是，假如你可以給它一個機會，你會看到這個世界會是多麼的美好。愛，親愛的——愛，這就是美好的祕密。」

這種正向的話，來自身受美國種族歧視法律不平等待遇的人口中，真的令人驚訝。在那個時候，他們用的廁所上面寫著「有色人種專用」，喝的水也標示著「有色人種專用」。

這就是「生命的入門課」（Life 101），我們在一生中都會見到好的和壞的事情。目睹美萊村屠殺事件（My Lai massacre）的人，同時也看到人類登陸月球。然而隨著時光流逝，我們的大腦並不是同等的去對待正向的和負向的訊息。我們對美好事件的渴求和記憶，會因為年齡增長而變得更強，我們開始把人生視為美好世界去體驗生活。

我們是怎麼知道的呢？科學家們最初的發現是，老人家比年輕人所感受的負面情緒較少，這令人相當訝異。南加大（University of Southern California, USC）的老人學家麥瑟（Mara Mather）和史丹佛大學長壽中心（Stanford Center on Longevity）主任卡斯坦生（Laura Carstensen）的研究一致發現，老人家的大腦對正向的刺激比較注意，他們不喜歡去看負向的刺激，而且老人對樂觀事情的細節記得比較多。

有一個研究是去看平均年齡二十四歲的年輕人跟平均年齡七十三歲的老人，在看快樂和悲傷的臉孔時的情形，他們會特別注意哪一種表情呢？也就是「注意力偏差」（attentional bias）的情形如何。研究者在一個偏差的量表上，登記受試者看正向面孔和負向面孔的分數，結果發現年輕人看見正向面孔的時候，總分二十五分中可以得五分，看負向面孔的時候是三分，表示他們對正向和負向的面孔沒有很大的偏好（二十五分裡的五分和三分沒有很大差異，表示他們的注意力是很平均分配的。）但是老人家看正向和負向的面孔時就不一樣了，對於正向，他們看得多，在二十五分裡面得了十五分。但是負向呢？在二十五分裡得了負十二分（是的，負的十二分）。所以他們不是平均分配他們的注意力，他們偏好樂觀正向的臉孔。

研究者在負面記憶的研究上也得到類似的結果。要了解這份資料，我們先要很快地解釋一下，我們的記憶是怎麼運作的（我們在後面關於記憶的章節會有更詳細的介紹）。我們要了解，大腦不是單獨一台錄音機，鉅細無遺地把你的生活都記錄下來。大腦有很多半獨立運作的次記憶系統，像是好多台錄音機似的，每個次記憶系統負責接收和記錄某些獨立的學習內容，比如說，我們學騎腳踏車時所用的神經迴路，就跟我們看電視劇《絕命毒師》（*Breaking Bad*）時所用的神經迴路不一樣；也跟你回憶東尼・班內特（Tony Bennet）唱《笑臉迎人》（*Put on a Happy Face*）時，所用的大腦神經迴路不一樣。你能辨識出以前看過的人事物，我們叫做「再認記憶」（recognition memory），它所用到的神經迴路也是不一樣的。

為了要測試再認記憶，實驗者給年輕和年老的受試者看一些正向的和負向的影像（例如笑臉和悲傷的臉）。結果發現年輕人在記得正向和負向面孔上的分數大致上一樣，但是老人就不同了，他們辨識正向快樂面孔的分數比辨識負面面孔的分數高了百分之一百零六。

研究者在事件記憶（episodic memory）、短期記憶（short-term memory，現在叫做工作記憶〔working memory〕）和長期記憶（long-term memory）上也發現類似的情形，這個現象甚至有個名字叫做**正向效應**（positivity effect）。老人會報告說他們比較快樂，有一個原因是他們偏向選擇性的注意，並且在注意到了之後也會選擇性的記憶。

為什麼銀髮族比較樂觀呢？畢竟他們的關節開始疼痛，而且是好不了的；他們的朋友開始一個個死亡，像是在戰區一樣；他們常常忘記到樓下去是為了拿什麼東西；他們也不再記得你的生日了。快樂可能是大腦用來獎勵我們多去參加社會活動、去社交的報酬。強調正向的心情會使憂鬱症遠離，防止我們去自殺。一個以正向態度對待我們的人，比較容易在我們老年時對我們伸出援手，這對我們的生存有利。

銀髮族比較快樂還有另外一個社會互動上的原因。要解釋它，我也必須先介紹一位工業革命時代的英國人，這個人是死也不會笑一下的。我要介紹一個典型的壞脾氣老人——守財奴史古基（Ebenezer Scrooge）。

倫敦的教訓

狄更斯（Charles Dickens）的《小氣財神》（*A Christmas Carol*）這部小說對我來說，最惴惴不安的地方，就是裡面所描述十九世紀的故事，有的好像直接從二十一世紀老人學的教科書中取出來的一樣。我選幾段史古基的話給你們聽。史古基一開始時是對聖誕節很小器的人，直到面臨死亡了，才開始轉變成聖誕老公公。然而死亡並不是史古基轉變性情的原因（照理來說，死亡對無知的小提姆〔Tiny Tim，故事裡的另一人物〕和貪婪的放債人來說是一樣憂心的事），他之所以會改變，是因為聖誕幽靈逼他回顧自己的生平，他看到了當中的種種，才慢慢的改變。

史古基年輕的時候，心思都放在他剛剛起步的事業上，也就是工業革命時代的銀行業，那是很需要專業知識的，他一心也只在乎自己的成功。當他老的時候，因為三個鬼魂給他看他的人生，他的價值觀才反過來（或者說轉正了）。最後他把那個冰冷的、只講知識的金錢世界，拿去換取溫暖的、充滿人情味的人際關係。

狄更斯所描述的改變也正好是我們老的時候大腦的改變——只不過我們沒有遇到鬼魂而已。我們的精力也是從付清就學貸款到付清其他優先的財務問題，到最後把精力轉換成陪伴孫子們玩耍。這個轉換，一般來說，會使我們感到快樂。這個愉快的蛻變來自先天和後天的關係，兩個都值得我們詳細的介紹。

當你年輕的時候，你的大腦會騙你說，即使不能長生不死，你也會活得很長。這個態度是有社交上的後果的，包括要不要存退休金或者是申請醫療保健服務（保險公司把這個年齡層的人叫做「永生者」或「不老者」〔immortal〕）。你的事業也剛起步，所以你把對專業知識的追求當作未來成就最重要的基石，這對感情的經營也是一樣重要。任何結婚有小孩的人，都了解要成功需要多少額外的知識。

這些在你年老的時候都改變了。你現在已經累積了很多人生的歷練，也知道這個世界是怎麼運作的，你已經不需要三個《小器財神》中的鬼魂來讓你知道你是錯的，你不會長生不死。我記得我第一次發現這個事實，是我寫下我死前還想讀的書有多少本的時候。計算後發現我必須要活到一百八十歲才能讀完這些書，而且這還是我不做任何其他的事情，光是讀書而已。真能只要讀書那簡直是天堂了，很不幸的是，我必須要做其他的事。老年強迫你把所有想做的事列出先後的順序。因為我知道我希望花更多的時間跟我的家人在一起，而不是跟狄更斯或其他的作者在一起，所以我知道自己開始轉而追求人際關係的溫暖。

這個改變跟研究的發現是很一致的。當你真的發現自己的生命有限，就好像遇到鬼魂後的史古基，你開始把人際關係看得比所有其他事情重要。只要你把社會情緒放在你生活的第一位時，你就會變得比較快樂，這就是〈你的友誼〉那一章的重點。這個改變是很常見的，而且有很多的實驗來支持，被學界稱為「社會情緒選擇理論」（socioemotional selectivity theory）。

在這同時，科學家對這些行為數據的加值（weight）感到困惑，其他的學者開始沉思這個現象在神經學上的根源。他們找出一個理論叫做「額葉杏仁核與年齡有關的情緒差異」（frontal-amygdalar age-related differences in emotion, FADE），雖然說這名稱更叫人摸不著頭腦。

我們在前面已經討論過這個差異，其中一個就是你有越多的社會關係，你的杏仁核會變得越大。其他的差異同時也隨著年齡而增加。上了年紀的大腦需要更多的能量，才能活化想要的情緒，那些情緒也更不容易改變我們對世界的反應。從神經學上來說，FADE 這樣的神經效應會直接影響我們的想法，這就可能很重要了。你的想法越正向，你會越快樂。

雲霄飛車的老爺爺

老人家應該是比較不敢冒險的，但是不要把這句話跟柯曼（Gary Coleman）說。他是俄亥俄州（Ohio）的退休牧師。

他長得很像電影明星西恩．潘（Sean Penn），假如潘是七十四歲的話。柯曼牧師是個雲霄飛車的狂熱者，二〇一五年，他在俄亥俄州乘坐了赫赫有名的響尾蛇雲霄飛車（Diamondback roller coaster）第一萬二千次。他在被訪問的時候說：「我認為這是我一生坐過最好的雲霄飛車。在我這個年齡，這真是太棒了！」他知道他在說什麼，因為他從童年就開始瘋狂地坐雲霄飛車了。

研究者對人老了以後冒險行為的改變，發現有兩個很有趣的模式。這兩個都跟快樂有關係，就好像這個牧師的雲霄飛車經驗一樣。一個叫做「確定性效應」（certainty effect），另一個叫做「預防動機」（prevention motivation）。

這個「確定性效應」研究一開始的時候，因一些不確定性而進展得不太順利，那是因為年輕人和老人願意冒險的比率是相當的，而且熱情程度也相當。然而研究者知道相當並不代表相似，於是再進一步研究，發現這兩個世代的人冒險的方式非常不同，就好像很吵鬧的賭場跟很安靜的茶室一樣的不同。

假如你到了一定的年齡，發覺自己不愛冒險了，那麼不是只有你這樣。假如在一個贏很大，但是失敗的機率也很高，跟贏很小，但是失敗機率很低的情況之間做比較時，老年人會選擇贏很少，但是風險也很少的那種。事實上，只要有失去報酬的可能性，人們就不喜歡冒險，不管這個報酬是多麼的小。為什麼會這個樣子呢？因為老年人喜歡得到正向情緒的機會，這就好像去玩吃角子老虎，報酬的大小對老年人來說，其實沒有那麼重要，他們的重點是玩。因為一分錢玩一次，損失不大，但是三不五時會贏，這就是正向的情緒，老人知道只要玩得夠久，一定會中獎（這是賭場吸引新手的方式，吃角子老虎通常放在賭場一進門的地方，當中獎時會有大的音樂聲音來宣告你中獎了）。這個現象非常普遍，研究者把它叫做「確定性效應」。

年輕人就不像老人這樣容易滿足了。年輕的時候，我們所體驗的快樂是我們要非常高層（stratospheric）的快樂，而且我們還要更多。我們渴望徹夜跳舞、狂歡、很吵的音樂、更吵的朋友。畢竟，我們可能在這種狂熱的活動裡面找到終身的伴侶，或者是找到有助於工作發展的人脈。從影響上來看，用這種方式來過日子是很危險的，也流於追逐己利。但是也不難理解。在年輕的時候，我們在意的是未來而不是過去，或許是因為我們還沒有什麼過去可在乎。這也是為什麼年輕人不會待在家裡，看一直重播的《我愛露西》（*I Love Lucy*），他們不認為這叫做美好生活。研究者把這種喜好叫做「升遷動機」（promotion motivation）。

升遷動機的結果就是，我們開始全心投入房屋貸款、親子教養、存退休金。我們變成效率的專家，當成功與失敗開始大量累積，我們想辦法守住成功，避免失敗。我們在乎的不但是創造財富，而且還要保存這些得來不易的財富。慢慢地，我們發現我們不能夠像年輕時以為的那樣永久的活著。當我們走向退休年齡的時候，我們就開始想要保護我們這麼辛苦得來的東西，於是就從升遷的動機轉移到預防的動機了。

這個名稱很貼切，而刺激我們這樣做的正是生命不可避免的殘酷現實——死亡。現在我們從保存面來看自己了，因為時間越來越短，眼前的快樂比未來的報酬更重要了。現在關節嘎吱嘎吱響、朋友逐漸凋零、最愛的人離開了，因此晚上看《我愛露西》可能就是你要打發時光最好的方法了。

簡而言之，這種感情移轉和風險承擔之間的關係就是這樣。我們開始避免做有風險的任何事情，開始擁抱很小的報酬，因為我們可能沒有那麼多報酬可享了。在坐了一萬兩千次的雲霄飛車以後，你了解這座雲霄飛車不會傷害到你，而你還可以從中得到很多的快樂，那麼去坐一萬兩千零一次又何妨呢？

覺得事有蹊蹺嗎？

我在前面有提到，我還沒有把有關老人與快樂的全部故事都告訴你們，我之所以不敢講有一個原因：不是所有的故事都很美好。這裡有一個真實的例子，會讓你看到這些不好的新聞有多麼令人悲傷難過。

在南加州，有一個喪妻的七十四歲醫生，因為覺得生活很寂寞，所以去註冊了一個約會網站。他很快就找到一個四十歲的英國離婚婦女，她告訴他，她沒有錢但是有個在念大學的女兒。幾個禮拜之後，他們成了網友，又過了幾個禮拜，他們發展成遠距離情人，培養出一段網路上的老少之戀。你可能已經察覺有不對勁的地方，我們真希望這個醫生也察覺到了。

有一天，這個女人很驚慌地跟他說，她的女兒在車禍中喪生了，她不但沒有錢辦喪事，她女兒還有學生貸款要還，問他可不可以匯給她四萬五千美金來付這些花費，因為她不知道該求助於誰。於是這位醫生匯了錢給她，當然後面這個女人就源源不斷地來跟他要錢：兩個禮拜之後，她要換新的屋頂，所以他就匯給她一萬塊美金。然後呢，她需要一輛新的賓士車（沒錯，賓士車），他再給她七萬五千美金。最後她需要一張頭等艙的機票，好從倫敦飛到美國來會情人，親自向恩人道謝。很不幸的是，她要什麼他全都答應了。這位老醫師還訂了禮賓車、香檳酒，買了鮮花，而且訂了四季酒店（Four Seasons）的房間，這女人卻沒有赴約，就此音訊全無。

像這種欺騙老年人的故事層出不窮。目前雖然沒有確切的數字，但是根據美國大都會人壽保險公司（MetLife）的估計，這些老年人被詐騙的金額一年將近三十億美金，而且男人跟女人一樣容易被騙，連成功的比佛利山家庭醫生也不能夠倖免。這就表示了老人家不應該太擔心年壽將盡，而要擔心錢被壞人騙走。

老年人會變成詐騙的目標有個顯著的原因：有的時候獨居老人的銀行戶頭有很多的錢，這使他們成為壞人眼中的大肥羊，變成待宰的目標。另外一個比較不這麼顯著的原因，正是常常只看正面的下場。當你年紀越來越大的時候，你會慢慢變得比較相信別人，說穿了就是容易被騙。我們甚至認為我們知道為什麼。

在大腦中有一塊地方叫做腦島（insula），它是一個神經細胞組織，被包在大腦較深處，在你耳朵的上面一點點的地方。這個地方是專門負責偵察你有沒有被別人欺騙的大腦組織。就像很多其他的大腦區塊一樣，腦島除了這個功能，還有其他的次功能，如評估風險、被別人背叛時怎麼去反應、覺得厭惡，它甚至可以幫你預測某一個動作安不安全。當你年老的時候，前腦島（anterior insula），也就是腦島的前區、最靠近眼睛的那個部位，會變得比較沒反應，對於有可能不可相信的、甚至有威脅性的情況，反應不那麼敏感，也不能做出正確的判斷。科學家發現這種能力的下降所產生的影響有很多種，包括不能夠察覺別人臉上流露的不可靠表情，或者像上述的冒牌英國情人。

老人容易受害跟一種非常重要能力的整體衰退有關係，這個能力就是知道自己有沒有犯錯，尤其是有報酬牽涉到裡面的時候。這種能力屬於「報酬預測力」（reward prediction）的一種，報酬預測力是一套一般性的行為，是預測報酬有沒有可能發生的能力。報酬預測力會隨著年齡而下降，可以比以前低到百分之二十以上，也就是說預測錯誤的機會增加了。所謂「報酬預測錯誤」（reward prediction error）就是根據你以前的經驗，你期待會有報酬發生，但是並沒有，你是錯的。年紀大的大腦不但在預測報酬上會有錯，同時在評估風險上也會出錯（因為腦島的功能就是確知自己行為的正確性）。

下面還有更多的壞消息。彷彿有個能量閃爍不足的腦島還不夠，大腦中還有另外一個地方，我把它叫做 AC/DC 網絡（又名「直通地獄的高速公路」〔Highway to Hell〕迴路），它也是隨著年齡而改變。這個直通地獄的高速公路是一系列互相串聯的強有力的神經迴路，藏在你大腦的深處很靠近腦島的地方。這些迴路負責很多事情，幾乎所有的上癮行為都包括在內，所以才會有這個不好的名字。它也跟報酬預測錯誤有關，因為它跟「機率學習」（probabilistic learning）有關。你越老，機率學習的技術越差。研究者認為腦島和直通地獄的高速公路這兩個區域，是老人家容易被騙的原因。這也是為什麼身邊愛我們的人若是要照顧我們，需要採取特別的預防措施。年老的腦島和它附近的神經迴路，就跟騙你她沒錢的愛人一樣的危險。

灰質的黑暗面

我仍然記得我第一次在汽車的收音機中聽到這句歌詞的時候：「啊，他是多麼幸運的人」（Ooh, what a lucky man he was.），我全身的雞皮疙瘩都起來了。這首歌結束的時候是一連串奇怪的電子琴音，我從來沒有聽過這麼奇怪的組合，所以我滿驚奇的。那個時候我不怎麼聽搖滾樂，其實我現在還是不怎麼聽（我比較喜歡史特文斯基〔Stravinsky〕，而比較不喜歡滾石樂團〔the Stones〕），但是我想多了解這個樂團一些。這是七〇年代的三人樂團，叫做「愛默生、雷克與帕瑪」（Emerson, Lake & Palmer）。說實在話，這個樂團名字比較像一個律師事務所，而不像搖滾樂團。當我發現他們也用電子樂器來重新詮釋古典音樂的時候，我就愛上了他們。我特別喜歡愛默生（Keith Emerson），他真的是一個出神入化的傳奇鍵盤手。所以令我非常難過的是，愛默生在二〇一六年的時候自殺了，那年他七十一歲。雖然他一直都有憂鬱症，但是過去他都能夠成功地和憂鬱症保持一個距離。當他手指頭的神經受傷，不能再彈鋼琴的時候，他就抵抗不了憂鬱症，而選擇舉槍自殺，並沒有如歌詞所說的成為一個幸運的人。

愛默生的生命告訴我們，憂鬱症和自殺就像連體嬰，而憂鬱症和老年也是像連體嬰一樣，手牽手在一起的，愛默生的生命也告訴了我們這一點。我們在本章「快樂」的主題中還是提到了一些黑暗面，而從這裡我們看到憂鬱症的問題，可以說是其中最嚴重的情況。這好像也跟我一直在談的所有訊息都相牴觸。我顯然在這裡需要做一些解釋，我下面就從研究文獻中引用兩句話來說明這一點。

第一，我們需要馬上來定義什麼叫做憂鬱症。這一點很重要，因為人們常常把憂鬱症跟悲傷混淆。事實上，有憂鬱症的老人通常**不會**特別的悲傷。他們只是變得越來越不能夠集中注意力，很容易發脾氣，變得急躁不安，對他們過去有興趣的事情逐漸不感興趣了。我們同時還要考慮到引發憂鬱症的一些原因，例如健康的衰退、深愛的人過世，或者是藥物也沒有辦法避免的疼痛，這些都是老人家每天會碰到的事情。

比較舊一點的文獻對於老人的憂鬱症，例如我們第一個要引用的句子（這是美國衛生部長大約在一九九九年所說的），提出了這樣的看法：「憂鬱症並不是老化的正常一部分……嚴重的憂鬱症並不『正常』，而且應該用醫療來處理。」這句話正確嗎？雖然他說要用醫療來處理是對的，但是後來的研究發現他其他的話，只有在你沒有很仔細去看這個現象之下，才是正確的。假如你很仔細的去看的話，你會發現我們接著要引用的第二句話（出自於中國重慶醫學大學研究者趙基湘〔Ke Xiang Zhao 音譯〕的論文），他對「老人得憂鬱症並非典型」這個觀念提出了異議：「在八十歲以下的老人人口中，年齡似乎是憂鬱症的一個重要的危險因子。」

要磨合這兩個看起來很不同的觀點，其實端看你有多頻繁去醫院。對一般健康情況中等的老人來說，憂鬱症並不是典型。但是對健康不好的人來說，情況就不一樣了。幸好研究者有區分出這兩種老人，不然的話，他們會以為他們看到的是「自然的老化」（natural erosion），而不是「不自然的疾病惡化」（unnatural disease progression）。

下面是到現在為止，我們所知道的事實：老人家健康情況越不好，他們越容易得到憂鬱症。行動不能自如的那種疾病類型是憂鬱症的主要肇因，而又以慢性疾病居首。憂鬱症的一個最大原因是老人家重聽或失聰，另一個是視力不良。其他的原因有各種不同的癌症、長期的肺部疾病、中風、心臟的疾病。至於糖尿病和高血壓對憂鬱症的影響，我們還不知道。

假如老人家是住在社區的環境裡面，那麼，他們得憂鬱症的機率大約是八到十五個百分比。假如他們因為其他身體上的毛病去住院了，或者是讓老人住進有人照顧的輔助性住宅，老人得憂鬱症的百分比就爬到了百分之四十。這是很大的差異。據推測，到二〇二〇年的時候，憂鬱症將是老人最大的疾病負擔（disease burden）。重點在於只要老人家維持健康，那麼他的快樂程度會一直上升。但是由於老人家的健康情況很自然會下降，憂鬱症的比例就會上升。

我們可以做什麼來減少憂鬱症嗎？雖然這個回答是肯定的，我們還是要重新溫習一下大腦的生理機制，來了解我們可以有的選擇性。我們先來看一下世界上最快樂的生化物質是什麼，要是愛默生能夠多認識這種物質就好了。

多巴胺濃度的下降

一九六六年一個冬天的早上，我父親拿著一個像珠寶一樣的小玩意兒給我看，他笑著說：「這就是問題所在。」這個東西看起來像是聖誕樹電燈泡砍掉頭之後剩下的螺紋部分。「假如我們用這個來替代舊的那個，那麼我們的廚房看起來就會跟新的一樣。」

原來那天早上，十歲的我進入我父親的臥室，非常害怕的告訴他，我把整個廚房毀了。因為我把一個手提電暖爐的插頭插入了冰箱旁邊的插座，只聽到「啪」一聲，整個廚房頓時停止運作，燈熄了，而且冰箱、爐子、電動開罐器，所有用電的東西都不能用了。

「你只是燒掉了保險絲而已，兒子。」父親一邊說，一邊撥弄著這個閃閃發亮的小裝飾，一個備用的十五安培的家庭用保險絲。我真的非常驚訝，怎麼可能這麼多廚房器具遭到波及——從冰箱到烤箱——就只是因為一個這麼小的東西壞掉了而已呢？所以我學到的第一課就是家裡的電路是如何運作的。父親把壞掉的保險絲轉下來，把新的放上去，果然，廚房就恢復正常了。

這個關於電的懷舊回憶對大腦迴路的設定和電路的活化做了很好的說明。我在這一章中談到許多行為的改變，包括決策的制定、報酬的追尋、風險的考慮、選擇的記憶、憂鬱症。這些行為在功能上看似互不相干，就像開罐器和冰箱之間好像沒有相關一樣，但是它們其實是有關聯的。科學家認為，這些改變中絕大部分的生物基礎來自於一條迴路出問題，就像整個廚房停止運作其實只是一顆保險絲燒斷了。

當然，大腦中的這條迴路不是電線做的，對電流起反應。它是由神經元所組成，對一種神經傳導物質起反應。這種神經傳導物質很有名，我相信你一定聽過這種分子：多巴胺。多巴胺行使權力的迴路叫多巴胺迴路（dopaminergic pathway，又稱多巴胺路徑）。我們的大腦中大約有八條這個帶來快樂的迴路。

假如你有機會看到多巴胺分子的話，你的第一個印象一定是「它怎麼這麼小！」它是把一種胺基酸叫「酪胺酸」（tyrosine）重組合成的。你還記得高中的生物課裡面講到胺基酸吧？它們是蛋白質的構成分子，要製造一個蛋白質，你需要很長串的胺基酸——有時甚至幾百個——串在一起，像一列火車。多巴胺的大小就像那列火車中的一個車廂而已。

你可能也透過你的飲食對酪胺酸熟悉，大部分人每天都會吃到它。蛋白就有很多的酪胺酸，黃豆中也有，海藻中也有。你不要被多巴胺的大小所騙，也不要因為它的出身平淡無奇而看不起它，它的衝擊力是很大的。假如你大腦中沒有足夠的多巴胺，你可能會得巴金森症（Parkinson's disease，又稱帕金森氏症）；太多的話，你可能會得精神分裂症（schizophrenia）。當你合成剛剛好分量的多巴胺時，你會覺得很愉快，你的手拿筆不會抖，而且可以做決策。在本章中所提到的每一個行為，多多少少都跟多巴胺有關。對一堆海藻來說，這些是了不起的成就。

這個博學多才的分子是怎麼變得這麼能幹的？多巴胺是靠跟一群受體結合才能發展出它的長才。這些受體只有在大腦的某些神經元上才能找到。能夠載有受體的幸運細胞，會在多巴胺跟受體結合時被活化起來，去執行某些功能。把它想做你本田轎車的起動系統，把鑰匙插進去，你的車子便發動了。把多巴胺插入神經元上的受體，這個神經元就啟動了。把這些神經元排排站好，你就有了一個可以被活化的迴路。把八個左右的這些迴路綁在一起，塞入你大腦的深處，你就有了多巴胺神經通道的迴路系統了。

由於大腦中的神經元，像上海那樣人口爆炸，所以多巴胺系統（dopaminergic system）可以說是由很少的神經元組成的。大腦只有幾個地方有多巴胺的受體，也就是說，大腦只有幾個地方對多巴胺敏感。一個地方就是我前面提過的「通往地獄的高速公路」，這條高速公路上有兩個小地方對多巴胺敏感，分別為腹側被蓋區（ventral tegmental area, VTA）和伏隔核（nucleus accumbens）。人類大部分化學毒品上癮的原因，便是過度刺激了這個系統，因而使它不規律。

你會發現，多巴胺是個非常重要的神經傳導物質，我們下面會探討它對老年人有多重要。老化的一個指標就是老了以後，多巴胺系統開始退去。

不會吼的老鼠

有些實驗像烤得太老的牛排，沒有辦法消化，這個實驗就是其中之一。你可以用基因的方式使老鼠身體不能製造多巴胺，而當你這麼做，就等於判了牠死刑，原因有點驚人，這隻老鼠會餓死。即使你把牠最喜歡的食物放在牠面前，牠會坐在那個食物的旁邊，看著它，但不會把它拿起來吃，直到自己慢慢餓死。剛出生的小鼠也是如此，不會一直去找奶吃。牠們還是有動物的本能去找食物，但是不願去吃。假如把多巴胺注射回牠們的身體，牠們又馬上正常的進食了。所以重點是什麼？沒有多巴胺的話，生命很難維持。有多巴胺的生命是比較好的生命。

我提這個實驗的原因，跟老人科學中一個最確實的生物發現有關：當人逐漸老去時，多巴胺系統的功能也逐漸退去。對人類來說，這功能退化的結果遠比改變我們進食的樂趣來得複雜。人類大腦的皮質有一張嬰兒毯子那麼大，而老鼠的只有一張郵票那麼大，會有這樣的差異是可以理解的。

人類身上的退化有三部分：第一，大腦某些部位製造多巴胺的速度開始慢下來了，這種損傷的情況並不平均，中腦（midbrain）的損失最小，而背側前額葉皮質（dorsolateral prefrontal cortex）的損傷是中腦的三倍大。這個效應在六十五歲以後特別顯著。第二，多巴胺的受體開始消失。一個重要的受體D2，大約從二十歲以後，每十年消失百分之六到七。第三，多巴胺神經通道開始功能不穩定，像電燈泡快要壞掉時，會開始閃爍，多半因為細胞死亡之故。一個經常重創的地區就是黑質（substantia nigra），它跟運動功能有很大的關係。巴金森症就是因為黑質部位出了毛病，這是為什麼巴金森症最大的危險因子之一，就僅僅是老了而已。

這三種類型損傷或許可以解釋本章中所討論的每一種行為缺失，例如有些憂鬱症就是因為多巴胺活動的不足。因為這種情況很普遍，因此有一個專屬的名字叫「多巴胺不足憂鬱症」（dopamine deficient depression, DDD）。

多巴胺也跟決策有關，尤其是預測報酬。你還記得嗎？這個能力是隨著年齡而下降的。多巴胺使我們願意去冒險，當然人老了，這個願意去冒風險的勇氣也下降了。多巴胺甚至跟我們的心理動機有關。當年齡把我們從積極進取性的升遷動機移轉到小心謹慎的預防動機時，我們就會看到風險行為的改變了。

即使是正向效應（以及它的易受騙這個黑暗雙胞胎），也可以用多巴胺的減少來解釋。我們大腦中有注意力網絡，它使我們把注意力轉到我們想要的東西或地方上去，它就深受多巴胺通路活動的影響。進一步來說，大腦注意力網絡的主要成員，都是利用多巴胺使我們把注意力聚焦到我們想看的東西上面。其中包括腦島（巧合的是它也跟易受騙有關），當你年輕的時候，腦島上是充滿了多巴胺的受體的。順便說一下，失功能的腦島也跟憂鬱症有關係。

那麼為什麼有些老年人會報告說他們越老越快樂呢？多巴胺的失調跟這也有關係嗎？答案是我們不知道。如我們在本章中所見，快樂的數據是有細微差別的，尤其是其他因素如疾病和憂鬱症也考慮進去的時候。由於這些研究的對象主要都是健康的老人家，「健康」可能就表示他們的多巴胺通路是無恙的。在這種情形之下，科學家研究的只是老年人口中的次群組（subset）罷了。

或許也不是。我們下面在記憶的章節中會看到，大腦非常會尋找替代的功能來補償那些退化的認知功能。這個快樂的數據可能代表的就是大腦努力使一切平順的意志力，它不願不戰而敗，面對著多巴胺的衰退，它努力想辦法。或許是一個微笑。許多我認得的老人家還是會在看到巧克力蛋糕時，微笑起來，然後去找叉子來吃，我就是其中一個。

睡人

當很多科學家在不同的研究領域正積極研究多巴胺衰退的歷程究竟是怎麼一回事時，其他的科學家則跳過大腦和生物上的機制，直接去做臨床研究。他們想找出當前實際上可以為病人做些什麼，假如並非無計可施的話。他們問：假如多巴胺的減少對人行為的退化有這麼大的關係，那麼有什麼方法可以停止這個歷程呢？用人工製造的多巴胺可以嗎？研究顯示這個想法或許可行。

這個務實方法最好的例子就是一九七三年那本書《睡人》（*Awakenings*），這是知名神經學家薩克斯醫生（Oliver Sacks）所寫的一個真實故事，幾年以後被拍成電影。

這本書不是在談病人老化後的受苦經驗，而是在說一個病人因為感染到腦炎（encephalitis）而飽受折磨。得到這種病的人，多數會僵硬不能動，只能坐在輪椅上，像個活死人。當其中一個病人（電影中勞勃．狄尼洛〔Robert De Niro〕所飾演的角色）服下合成的多巴胺時，就像打了青春之泉的針一樣，醒過來了。他開始說話、走動、微笑、想要談戀愛──像個被多巴胺王子親吻後甦醒的睡美人。

這個合成的多巴胺叫做左旋多巴（L-DOPA），你不能用真正的多巴胺，因為很奇怪，大腦不讓多巴胺進去。左旋多巴贏來了兩個諾貝爾獎，主要是因為對巴金森症的治療。研究也發現，對於非由疾病而僅是典型老化所造成的認知歷程（cognitive process），左旋多巴也產生了正面的效果。

前面談過報酬預測力會隨著年齡而萎縮，你若服用左旋多巴也可以有所改善，一個簡單的合成藥物就可以增進複雜的認知歷程。這個效果還不小，服了左旋多巴的老人在實驗室中的表現，可以跟年輕、沒有服藥的控制組沒什麼差別。

左旋多巴增加你看事情正向的機會。它會提升「樂觀偏見」（optimism bias），老人家很懂這種偏見。不過這個實驗並不是用老人家來做的，它用的是年輕的世代，喜歡冷嘲熱諷，不懂在雨中歌唱的真諦（*Singin' in the Rain*，為電影《萬花嬉春》與同名歌曲）。這使這個實驗的作者說：「這個研究顯示即使是健康的人，樂觀也可能受到多巴胺濃度的影響，而這可以說是一個杯子半滿的研究。」

這對銀髮族來說真是個好消息。樂觀不只是情緒上對冷酷死亡的絕緣而已，我們現在知道，對老化持正向、樂觀態度的老人家，確實比沒有的人活得更長。

我所謂的樂觀的老化（optimistic aging）又是什麼意思呢？一個二十五歲的人忘記了別人的名字，不會被認為是得了阿茲海默症。但是假如你是老人，你忘記那個人是誰，就得擔心你有阿茲海默症了。你會緊張，甚至憂鬱。再加上其他老化的症狀——聽力不行了，關節也痛了——你的態度很可能慢慢悲觀了起來。數據告訴我們：「不要往那裡去」。**能夠以平常心看待、說服自己杯子仍然是半滿（比喻樂觀）的老人，比悲觀的人多活了七年半。**樂觀對他們的大腦帶來可以被測量到的效應。他們大腦管記憶的海馬迴沒有像覺得杯子半空（比喻悲觀）的人那樣，縮小得那麼多。這是一個重要的發現。海馬迴是一個形狀像海馬的組織，座落在你耳朵後方，它跟很多的認知功能都有關係，包括記憶。我認為多巴胺的濃度對它也有影響。這些老人可以避免落入一種叫做「自我實現的預言」（self-fulfilling prophecy）的陷阱。

而你不需要藥物就可以樂觀。

這引到一個重要的問題：你應該服藥來使你自己變得樂觀嗎？對於這一點，《睡人》這部電影可能也給了我們一些啟發，畢竟這是根據一個真實的故事所拍攝的電影。左旋多巴的效用是暫時的，勞勃．狄尼洛所扮演的那個角色最後又回到了他僵直的繭中，其他罹病的患者也是。這部電影結尾的跳舞場面可能是電影史上最令人難過的一段。雖然一開始時，左旋多巴喚醒了困在不能動身體裡的靈魂，但是就像所有的藥物一樣，它有嚴重的副作用，包括幻覺（hallucination）和精神病（psychosis），對腦炎來說還有效期有限的問題。

那麼有沒有辦法不要靠藥物而維持樂觀（還有維持多巴胺的濃度）呢？有沒有比較長期的、沒有副作用的方法呢？這答案是肯定的，祕密就在科學家說的「不要往那裡去」。

歐普拉．溫芙雷（Oprah Winfrey）有著一個非常不愉快的童年，形容得委婉點的話。當她成名了以後，她還是忘不掉那些童年不幸的事，這也為她白手起家的故事增添了真實性。她曾經說：「雖然我對現在擁有的財富很感恩，但是財富沒有改變我是誰。我依然腳踏實地，只是穿了比較好的鞋子罷了。」她不僅是抱持這樣的態度，還開始把她的好運記錄下來，這個習慣她維持了十年。她這樣做的好處在科學上是有道理的。溫芙雷可能知道：她的強調感恩正好符合一些認知神經科學，稱為正向心理學（positive psychology）。我下面所描述的實驗就是直接取自它的創始人塞利格曼博士，他以前研究的是創傷和憂鬱症。

塞利格曼是一名心理治療師，他看到感恩的巨大力量，於是以此為中心發展出一套練習，並且經過科學試驗（。下面是他兩個最有名的三步驟法，你值得去試試看。

感恩的拜訪

一、找出現在還活著、曾經對你有過大恩惠的人。

二、給這個人寫封三百字的信，告訴他過去對你的幫助，解釋這件事到現在還如何的影響著你的生活。
三、親自拜訪這個人，帶著你的信，並大聲的唸給他聽（不要中斷），然後討論。

塞利格曼發現這個效果非常好。一個「快樂的心理計量測驗」（happiness psychometric inventory）發現，寫信的人在拜訪後一個禮拜，快樂的感受顯著提升，效果甚至可以維持到一個月。

三件好事情

一、回憶今天發生在你身上的三件好事情。
二、把它們寫下來，可以是很小的事情（我先生買了一杯咖啡給我），或是大的事情（我外甥進入他想進的大學）。
三、在每件正向事情的旁邊，寫下為什麼這個好事會發生。你可以在咖啡的旁邊寫下「我先生很愛我」，在外甥進理想大學的旁邊寫下「他在學校是拚了命的讀書」。

每天晚上這樣做，連續一個禮拜。

這個練習相當有力量，它不只提升了你的快樂分數，同時還成功的治療了憂鬱症。你可能要做久一點（大約一個月）才會看到效用，但是它的效用同時也會持續比較久。雖然實驗只有做一週，六個月以後還是可以測量到它的效應。假如這個感恩的行為變成了習慣，那麼它的長期效益也就存在了。美國麻省專業心理學學院（Massachusetts School for Professional Psychology）的庫默（Dirk Kummerle）對這個發現是這樣說的：「感恩的拜訪及寫下三件好事不但能夠減少憂鬱的症狀（這是與沒有這樣做的控制組相比），還能提供終身對抗負面情緒的工具，耕耘出幸福來。」

這些練習提供了跟研究目標的連接：了解是什麼讓人真正的快樂。塞利格曼把它叫做「幸福理論」（well-being theory）。它包含五個行為，若把這五個行為的第一個字母擺在一起，就是PERMA，代表著執行的方式，任何對真正快樂（authentic happiness）有興趣的人，不論年齡都可以去試。它對那些多巴胺系統開始退化的人特別有用。我把它的總結列在下面，也鼓勵你直接去看塞利格曼的《邁向圓滿》（*Flourish*，中文版遠流出版）一書。

P：**正向情緒**（Positive emotion）

要快樂，你必須規律地經驗正向的情緒，列出一個清單，把會帶給你真正快樂的事寫下來，然後讓你自己浸淫在其中，使清單上的項目變成你生活中的一部分。

E：**從事活動**（Engagement）

持續去做一些很有意義的活動，會讓你忘記去看手機的事。沉醉在嗜好裡就會這樣，看一場好的電影也會，好的書、好的運動，甚至跳舞課都可以。

R：**人際關係**（Relationships）

只要這個人際關係是正向的，你可以把我在人際關係那一整章的話放進這項推薦裡來。

M：**意義**（Meaning）

找出可以給你生命意義的事，然後去做。對很多人來說，這樣的行為背後會是一個超越小我的目標。宗教是一個，慈善工作是另一個。

A：**完成**（Accomplishment）

替你自己設下特定的目標，然後完成它，尤其是那些你現在做得不熟練，但需要去精進的目標。這可以是身體上的，如訓練跑馬拉松，或是心智上的，如學法文。

你可以在這些研究的發現中，看到溫芙雷生命的影子，這是為什麼我提到她。她現在七十多歲了，她現在所做的事可比穿一雙比較好的鞋子多得多，研究顯示你也應該像她一樣。

總結

耕耘一個感恩的態度

- 在針對快樂量表所進行的臨床測試上，年長者比年輕者得分高。
- 正向效應是一種現象，指的是老人家選擇性地注意生活周遭正向的事情，他們對正向事情的記憶比負面的好得多。
- 當你年紀慢慢變大，了解到你有一天也會死時，你會把人際關係看得比一切都重要。將人際關係擺在第一會使你快樂，這個現象叫做「社會情緒選擇理論」。
- 健康亮紅燈的老人比身體健康的老人容易得憂鬱症，如重聽的老人就比聽力正常的老人容易憂鬱。
- 對自己的老化抱持樂觀態度，會給大腦帶來可測量到的正向效益。

Part 2

思考的大腦

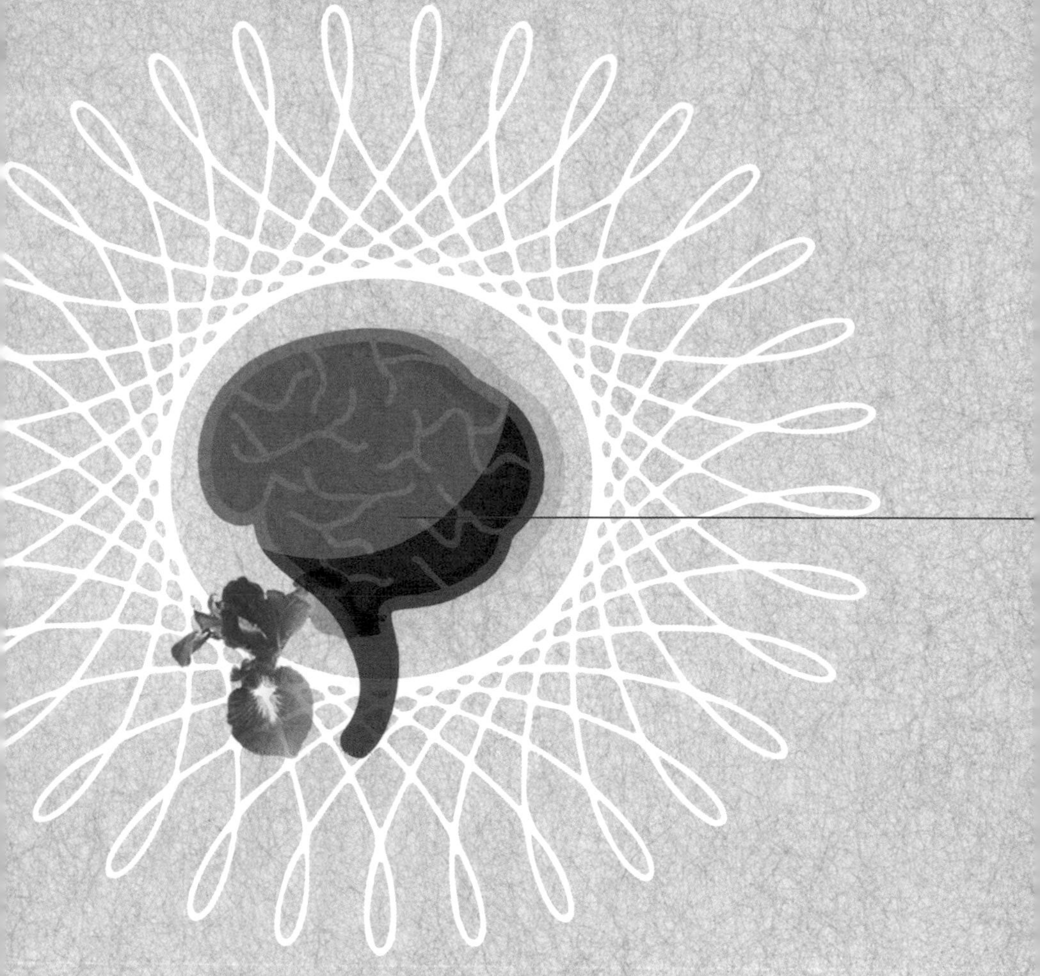

Ch. 3

你的壓力

大腦規則

正念不但撫慰，同時增進我們的大腦功能。

有人說我脾氣不好，我自己倒不覺得，我並沒有到處去戳小孩子的眼睛……至少沒有去戳很小孩子的眼睛。

～愛爾蘭諧星狄蘭．摩倫（Dylan Moran）

擔憂就像一張搖椅，它讓你有事做，可是不會前進一步。

～無名氏

假如有「全世界最有趣的男人」競賽的話，我的祖父一定可以輕易得魁。他是乘船偷渡到美國來的，說的是西班牙上流社會的口音，來到美國時身無分文。但是他的心智卻很豐富，充滿了幽默感，跟梅塞塔高原（Meseta Central）一樣陽光燦爛，還能很輕鬆的學會任何語言（我在八歲就失去這個能力了）。這些長處幫助他在食品業找到一份工作，他憑藉著努力，一路做到底特律一間鄉村俱樂部的副主廚。他開了一間烘培連鎖店，養大一家人，最後在一百零一歲時辭世。我跟我太太最後一次看到他，是他一百歲的時候，那時他仍然住在自己的家中，還展現了廚藝給我們看。他很高興地穿上他的圍裙，一邊吹口哨，一邊烤出六個蘋果派——同時出爐！對我來說，他不但是全世界最有趣的人，可能還是最快樂的人。

這就很有趣了，你可能會假設老年人會抱怨生活以及生活上的轉變，對健康與記憶上的衰退、人際關係的減少感到焦慮，整體而言應該比較有壓力。但是研究者發現的情況正好相反，老人的壓力是比年輕人要少的。二〇一六年時，所謂的千禧世代，從十八歲到三十四歲的年輕人中，有百分之三十八的人覺得自己比去年更緊張、更有壓力。但是對一九四五年到一九六〇年間出生的嬰兒潮來說，這數字降到百分之二十五。對於所謂的最偉大的世代（Greatest Generation，即嬰兒潮的父母）來說，這數字更降到了百分之十八，是三組年齡層中最低的。而且他們不只是壓力比較少，他們也比較快樂，這一點我們在前一章也談過。他們對生活的滿意度比較高，而且除了那些最最老（oldest old，**編按：定義上約為八十歲以上**）的人之外，憂鬱症和焦慮症的比率也比較低。

這怎麼可能呢？隨著年齡增長，壓力荷爾蒙的分泌因一九三〇年代的老化而開始失調。壓力對老化的大腦理應像氧氣對生銹的船身一樣，然而這些老人似乎都沒有感覺到。要了解為什麼，我們必須進一步解釋處理壓力的生化機制，以及一些名字很奇怪的大腦部位如海馬迴、內嗅皮質，腹部器官如腎臟有著腎上腺，還要探討身體的調節機制。

事實上，我們主要會討論這個調節機制。

逃離灰熊

壓力反應的用處就是「使你活到能夠生殖、傳宗接代」，你的身體把各種荷爾蒙、細胞和神經元組織成複雜的、互相牽制的生化回饋系統，來完成這個達爾文進化論所賦予的神聖使命。

雖然人類的壓力反應很複雜，但是可以簡單描述如下：當你緊張時，你的身體會釋放大量的荷爾蒙到你的血液中。腎上腺素（epinephrine 或 adrenalin）和正腎上腺素（norepinephrine 或 noradrenalin）通常是第一個反應的，這兩個屬於兒茶酚胺（catecholanine）的雙生子，具有強大的生理力量，會刺激你的心血管部門，加速你的心跳，改變你的血壓，讓你的肌肉充滿氧氣，使你的身體準備好逃離母灰熊。

這當然要消耗很多的能源，所以你的身體就趕快去徵召另一個立即反應者，就是類固醇荷爾蒙（steroidal hormone）的皮質醇，來幫助控制反應。皮質醇是腎上腺（adrenal gland）分泌的，腎上腺位於腎臟上端，是像金字塔形狀的組織。體內這些壓力荷爾蒙的濃度升高，就告訴你的身體你正處在「戰或逃」的緊急時刻，不過說得直白一點，通常就是要準備逃命。即使面對的是年幼的鬣狗，人類還是太弱了，沒有辦法跟牠打鬥，所以人類多半是逃跑，使我們祖先成為「更新世」（Pleistocene）最大的膽小鬼。

皮質醇作用在大腦一個很重要的地方——海馬迴。這個海馬形狀的地方跟學習有關，它形成我們的記憶，例如灰熊是會讓人送命的、是危險的，但是它同時也阻止你的壓力反應過度折磨你，比如說，熊媽媽轉去吃莓子了，沒有來吃你。海馬迴會判斷何時危機解除，一知道沒有危機了，立刻關掉皮質醇的分泌來節省你的能源。

這是典型的負回饋迴路（negative feedback loop，或稱為負向迴路）。負責擔任媒介的是一種稱為皮質醇受體的蛋白，它分布在海馬迴上面，就像肉桂麵包上的葡萄乾似的。當皮質醇被釋放進入血液後，有些分子就衝到海馬迴，跟那些皮質醇受體結合，像鑰匙插進鎖中一樣。海馬迴就受到警惕，知道有危險的情況來了，準備做出各種不同的反應。

一個最重要的反應就是當危機解除後，它馬上關掉皮質醇的龍頭，使腎上腺不再分泌皮質醇。不然的話，壓力荷爾蒙停留太久會開始傷害你的身體，包括你的大腦。這就難怪當皮質醇一開始跟海馬迴上面的受體結合時，海馬迴問的第一個問題就十分不客氣：「什麼時候我可以使你離開？」

假如海馬迴沒有做這個重要的動作，你的皮質醇濃度就會在已經沒有危機時，還保持異常高的濃度，而很不幸的，這就是當你老的時候的狀況，皮質醇的濃度降不下來，因為海馬迴失去了關掉它的作用了。

這會引起各種後果，這時就是「恆溫器」（thermostat）的知識進場的時候了。

衝高了的皮質醇

因為我住在西雅圖，已經習慣了那裡的濕冷，即便在最熱的八月天也是一樣。這跟休士頓的氣候是完全相反的，我住在那裡的親戚告訴我，那裡的氣候濕熱，尤其是八月。所以你可以想像當我在夏天應邀到休士頓去演講，卻發現飯店房間的溫度調節器壞掉了，房間熱得跟烤箱一樣，我所感受到的壓力。或者應說是冷氣機的溫度感應晶片壞掉了，它以為房間裡被極地冷氣團給佔據，所以一直把冷氣關掉，想讓房間熱起來。

你知道，溫度調節器不應該是這個樣的，你設好你想要的溫度，然後讓感應晶片去發揮它的作用。假如太熱，感應器就告訴冷氣機開始送冷氣；假如太冷，它就告訴電暖器開始送暖氣。這個回饋系統通常會用到小小條的金屬片及水銀——以我的情形，還需要一位修理的工人。旅館當然馬上找修理人員來處理，冷氣也恢復正常了，一直到我離開，這溫度調節器都沒有再鬧事。

你的壓力系統的回饋方式跟這個調節系統非常的相似，只是沒有金屬片也沒有水銀。它甚至有一個設定點，不過它比旅館房間的溫度調節器動態多了。當你早上剛起床時，你身體中的皮質醇通常是比較高的，或許是它預期早上會有很多出來覓早餐的獵食者吧。假如一切都很平靜，那麼它會在一天當中慢慢地下降，一般來說，從早晨到傍晚會下降百分之八十五，降幅並不小。

這種動態系統是為了處理短期的壓力事件而建立的。從演化的觀點來看，這是很有道理的。要不是灰熊把你吃掉，要不是你跑掉，這是幾分鐘之內的事，是一個精細的反應（活或死），但是這個精細的反應只在很短的期間發生作用。

現代摩登社會的問題是，你的緊張情況可以長達好幾年，比如說，不美滿的婚姻或不理想的工作，在生理上就等於一隻大灰熊搬進來跟你住在一起般。我前面提到大腦受損，而長期暴露在壓力下甚至於會導致憂鬱症和焦慮症，這是許多大腦系統都崩潰才會出現的疾病。

我們可以用倒寫的U來表示它。一開始時，壓力反應提升了生理和心理的功能，圖左邊的曲線開始往上爬，只要壓力不要持久不退，我們的表現就會到達頂尖。假如壓力持久不退，那麼這好處就要變成壞處，開始傷害你了，你就開始往右邊下滑。即使本來能對正常短期暴發的壓力做出恰當功能的反應，現在都變成不規則行事了。

壓力還有另一種持續太久的方式：我們的身體系統演化出來時，並不是為超過三十歲的壽命而打造的，但我們現在卻會活過這個歲數。結果壓力失調變成老化過程中一個正常的部分了，而且是可以被測量到的。它在三方面顯現出來：

第一是節律（rhythm），到四十歲左右時，皮質醇的基準線開始上升，它不再是早上高、黃昏低的節律了，開始像滑雪上山那樣步步高升。你的身體開始感受到壓力荷爾蒙高升時的傷害，我們下面馬上會再談到這一點。

第二顯現出來的是，你對威脅的反應不再那麼快了，也不再那麼有力了。以心血管系統對前面提到的兩種腎上腺素的反應來說，對緊急召集令的反應，從心跳率到血壓都不像以前年輕時那麼有活力。你還是製造出一樣多的荷爾蒙，你只是沒有辦法像以前那麼快做出反應。更糟的是，一旦警報響了，你的身體開始動員了，這個系統需要更長的時間去加快引擎。

最後，你不像以前那麼容易在事情結束後平靜下來。隨著年齡增長，壓力荷爾蒙越不容易在威脅過去後回到基準線，這就好像你的身體說：「我花了那麼大功夫才把壓力荷爾蒙提升起來，我怎麼捨得這麼快就讓它降到地平線呢？」

這個老年的壓力反應過程，聽起來有沒有像我旅館那不聽話的空調系統呢？我用我家人最喜歡的聖誕節電影《聖誕故事》（*A Christmas Story*）中的一幕來解釋為什麼，這一幕的主角正好也是一個不聽話的空調系統。

失了功能的煙囪擋板

這場戲一開始時，是帕克老頭（Old Man Parker）在吼說：「啊哈，啊哈，又是爐渣！」他看到黑煙從地下室的通氣口灌入他一九三〇年代的客廳中。「這個該死的笨暖爐！可惡！」他下樓到地下室去跟那不聽話的暖爐作戰。「你也行行好，打開那個該死的煙囪擋板！」他空洞的聲音從地下室傳上來，「是哪個傢伙又把煙囪擋板關起來了？好幾次了！」

你可能知道，擋板就是煙囪的煙道裡面一片薄薄的板子，當它打開時，煙從暖爐中升出去，當暖爐不用時，要把它關起來，使冷空氣不會進到室內來。把它切換來切換去，就可以控制爐火燃燒所需要的氧氣，火就燃燒得旺還是不旺，這可以說是一個粗糙的人工溫度調節器。在這電影裡，這個調節器壞了，所以帕克老頭說出來的話就越來越不堪入耳。他最後把它修好了，全家人為了享受溫暖所必須付出的代價，就是聽他滿口的三字經。電影旁白愉悅的娓娓道出：「在跟暖爐激烈的爭戰中，我父親所罵的髒話像個掛氈似的，到現在還掛在密西根湖上頭。」這是一個很好笑的鏡頭，很有說明性，我會用它來討論那個老頭行為背後的壓力，也會用它來討論那不可靠的人工調節器如何解釋人老了以後的狀況。我們先來談一下壞消息，然後我保證，一定會再談好的消息。

這個壞消息就是當荷爾蒙如皮質醇停留在你的血液中時，它就像煙囪裡的黑煙灌進你的家中，碰到的每一件東西都可能被它傷害。許多實驗室的研究結果都顯示同樣令人不安的型態：任何一個年紀因過多皮質醇所引起的疾病，和折磨著幾乎每一個老人家的疾病是相同的，如糖尿病、骨質疏鬆症，以及各種心血管疾病，包括高血壓。因為皮質醇在老年人口中是本來就高的，所以很多研究者都認為它們中間有直接的關係，我就是其中一個。

皮質醇也會損壞大腦的特定區域，一個主要的傷害目標就是管記憶的海馬迴。這是很不幸的事，因為海馬迴在我們的生存上扮演著關鍵角色。在塞倫蓋提草原（Serengeti）上，我們的壓力和記憶必須形成緊密關係。我們必須記得誰是壓力的來源，還得記得一看到牠就得快逃，最好避免跟牠碰面。只要這個壓力不是持續性的，海馬迴會學會攸關生存的重要教訓，並且把它傳給你。

你還記得壓力U型曲線上升的斜坡嗎？

但是在持續的壓力上，不論是長期的情況，還是因為你已經過了三十歲，一切都改變了，海馬迴開始走下坡。還記得海馬迴精確的反應本來只是針對短期的壓力嗎？當太多的皮質醇在海馬迴久久不退時，它會損壞海馬迴的組織，使海馬迴萎縮。有些神經元死亡，這表示過多的壓力確實會傷害大腦。而那些沒有死掉的神經元，它們跟別的神經元連接的能力減弱了。有些無法再對外界刺激做反應，而最糟糕的就是我前面講過的：海馬迴在威脅消失後，無法關掉你的皮質醇分泌。你身體的調節器因為過度暴露在皮質醇中，失去了反應的能力了。後果是什麼呢？更多的皮質醇被分泌出來，浸泡在更多的皮質醇中，大腦就受到更多的傷害，結果又導致更多的皮質醇……你知道我的意思。當你年紀增大時，你的大腦會像《聖誕故事》中的那個失去功能的暖爐一樣，這就是U型曲線的下坡曲線。

這會在什麼地方顯現出來呢？你可能會發現自己很容易生氣，你可能對事情不感興趣了，會不尋常的記不起事情，或許你也可能什麼感覺都沒有。我真希望我能給你一些清楚的徵兆，讓你知道自己是否處於會引大腦損壞的壓力之下，但是我不能。你可能有些可以復原的基因，現在研究者已經在找尋了；你的大腦可能已經察覺到這些損壞，而開始在做補償了。我們很難從行為上來預測。

過多皮質醇另一個傷害的目標是前額葉皮質，這是大腦負責計畫、工作記憶和人格發展的關鍵地方。持久的壓力會摧毀金字塔細胞（pyramidal cell，或稱錐狀細胞）的樹狀突和突刺（spine），破壞前額葉皮質神經細胞的連結。這是一場屠殺，有實驗顯示過多的皮質醇會造成百分之四十的連接損失。結果導致工作記憶的損傷和失能，及「高認知功能」的損壞，包括人格的維持。這個壞消息真的是非常的糟糕。

還有更糟的部分。杏仁核這個掌管你原始情緒的地方，本來應該像個關起來的野獸，被強有力、運作正常的前額葉皮質所控制。假如你的前額葉皮質逐漸沒有了力量，你的大腦就開始一直維持「戰或逃」的情緒狀態了。你的情緒似乎要失去了控制。這是因為杏仁核和它周邊的地方不像前額葉皮質和海馬迴受到那麼多損害。事實上，慢性壓力越久，杏仁核越大，內部的組織結構越複雜。所以，社會化和壓力都會增加杏仁核的大小，前者是後天，後者是先天的關係。但是在壓力上，研究者不確定杏仁核變大是好還是壞，或是這個改變如何影響行為。

接著我們來看好消息。如我在本章一開始時所說，老人其實比年輕人更不感到壓力。為什麼他們會覺得比較沒有壓力？下面是一些可能性。

我們知道當給老年人看令人不安或悲傷的圖片時，他們杏仁核的活化不像年輕人反應那麼大。這可能可以解釋為什麼老人家比較不去注意負面的訊息，他們對不幸的事情細節也記得不是那麼清楚了。所以老人家有可能對負面的環境刺激就是不會那麼生氣，即使大量的荷爾蒙湧出也是一樣，因為他們的杏仁核改變了。這也可能是我們在上一章說到老人家比較快樂的原因。

另一個可能性是大腦開始發揮它的「適應力」了。大腦察覺自己因為年紀大了而產生的內部改變，所以它有的時候會想去校正這個變化。我們在後面討論到記憶時，會看到大腦如何對記憶喪失做出補償反應。就壓力來說，有可能是大腦察覺到跟年齡有關的壓力荷爾蒙改變，因此徵召特定的補償機制來處理它。你一定記得，帕克老頭儘管狂飆粗口，最後還是有把他的火爐修好，在電影的後半部，這個爐子都沒出問題。

我們還知道，老人對年紀的感覺會真的改變他的大腦年齡。所謂「主觀的年齡」就是你自己覺得你有多老（這是相較於你真正的年齡）。覺得自己比實際年齡年輕的人，在認知測驗上的得分比那些認為自己已經老的人來得好。這個魔術數字似乎是十二，假如你的主觀年齡比實際年齡少了十二歲，就會顯現在你的認知測驗的分數上。一九八二年的諾貝爾文學獎得主馬奎斯（Gabriel García Márquez）在八十一歲高齡仍在寫作，他說：「年紀不是你有多老，而是你覺得你有多老。」（Age isn't how old you are but how old you feel.）當時有誰會知道，這句話背後竟是有如此多神經科學的支持的。

研究者最近發現了更多有關老人家對壓力反應的好消息。還記得皮質醇會侵蝕海馬迴這件事嗎？這個傷害不是永久性的，因為海馬迴可以從存在於人體內的前驅細胞（progenitor cell）增長新的神經細胞，這個歷程叫做「神經再生」（neurogenesis，又稱為神經生成）。新的神經細胞生成，記憶就變好了。我們在〈你的運動〉章節中會談到如何促進這個增長新細胞的歷程。雖然皮質醇會傷害海馬迴，但是大腦可以反擊，任何年齡都有反擊的能力。

等一下，女性有別

我們還有最後一個有關壓力的問題還未討論。我們先來看一下加拿大和美國研究者合作進行的實驗。

這些科學家在研究哺乳類對壓力的反應，尤其是老鼠的焦慮和痛苦。任何做這方面研究的人都知道，壓力反應的型態差異性很大，很難從數據上看到清楚的模式，即使控制了任何可能的變項也是如此。這真是令科學家抓狂，但是這兩個國家的研究者聯手，可能找出了一個原因，而這原因叫人一則以喜（知道為什麼了）一則以憂（因為去不掉）。

過去實驗室通常沒有去考慮動物的性別，所以這個團隊決定要控制性別，結果發現了很大的差異，而且令人憂心。老鼠居然會因為替牠做研究的人是男性還是女性而改變牠們的壓力反應，兩種性別的老鼠都會。

你沒看錯，是的，老鼠對人的性別產生不同的反應。我先透露一下：這結果對男性來說不太妙。假如實驗者是男性，老鼠的壓力反應上升（大約超過基準線百分之四十），假如是女性，老鼠的壓力下降（是的，降到基準線之下）。原來老鼠對人類腋下的汗液產生反應，而男性和女性的荷爾蒙裡生物化學物質是不同的。

這個發現讓科學家從驚愕、振奮到關心。在行為的研究上通常沒有去控制性別，而這個實驗反映出顯然應該要考慮，就連和動物接觸的實驗者的性別都要考慮。那麼，正如你所料，很多關於壓力的研究發現可能都有重新修正的必要。你可能會想，年老的男性和女性在大腦老化時，對壓力的反應會不會也有這樣的差異？雖然這部分還需要新的資金進一步研究，答案暫且來說是「會」。有三點值得特別提出來說明。

第一跟海馬迴的大小變化有關。海馬迴被認為會隨著年齡增長而縮小，但是如果把性別考量進去，會發現改變上的差異。會隨著年齡而縮小的多半是男性的海馬迴，女生的結構是也有一點兒縮小，但在與老化的關聯上，男性是女性的四倍。我們不知道這是否導致男女的行為差異，但這又是社會應該多給經費去做這種研究的原因。

第二個發現跟男性和女性對環境壓力的反應不同有關。我們目前知道高濃度的皮質醇對年老的女性來說，在情緒幸福感（emotional well-being）和認知能力上面會產生較大的負面影響，男性所受的負面影響則較小。實驗者是在有控制的實驗室情境下，用壓力去「挑戰」大腦而觀察到這個現象。這個壓力來源可以是心理上的，如看一些令人不舒服的負面新聞影片，或是生化上的，如服用一些會導致壓力感覺的藥物。年紀大的男性當然也會對這些挑戰起反應，但是女性的反應要強三倍，原因可能和雌激素（estrogen）有關。皮質醇的壓力系統叫做HPA軸（HPA axis），是hypothalamic-pituitary-adrenal——下視丘—腦下垂體—腎上腺——這三個部位的首字母縮寫，停經後的婦女的HPA反應比停經前婦女強烈。

第三個發現跟與年齡有關的失智症的普遍性有關。失智症會肆意侵襲任何老化的大腦，就像掠奪的維京人（Viking）一樣，但是它比較喜歡女性的大腦。阿茲海默症就是一個典型的例子。根據阿茲海默症協會（Alzheimer's Association）的資料，美國被診斷為阿茲海默症的人當中，三分之二是女性。七十一歲以上的女性，百分之十六有這個疾病，而同年齡的男性中，只有百分之十一得此症。

為什麼失智症有性別差異？我們過去都認為只是女性活的比較長的關係，因為年齡是所有失智症，包括阿茲海默症的初步認定預測因子。我們現在不那麼認為了，看起來失智有性別、甚至基因方面的原因，而這同樣可能與雌激素有關。雌激素在有的情況下，似乎是一道強有力的保護牆，使大腦不受到那些可導致阿茲海默症的生化物質的侵害。但是當雌激素不再分泌了、變少了，這道防火牆便垮了。我們在後面討論心智疾病的章節會詳細來討論這個問題。

我們現在轉向比較正向的主題：一個對男性和女性一樣有防止效應的方法。

觀照正念

戴著眼鏡的卡巴金（Jon Kabat-Zinn）一點都不像會激發國際運動的人，他看起來比較像會計師，而不像一個鼓動民心的煽動者。他聲音輕柔，身材不高，語氣冷靜，咬字清楚，稍微帶一點紐約口音，但是他是一個煽動者沒錯。他在大學裡就是一個反戰運動人士，他反對麻省理工學院（Massachusetts Institute of Technology, MIT）接受軍方的研究經費。他在麻省理工學院拿到分子生物學博士，指導教授是諾貝爾醫學獎的得主，世界有名的微生物學家盧瑞亞（Salvador Luria）。

他在麻省理工學院時，就開始研究佛學和瑜伽。或許是出於對他的科學研究的反應，卡巴金認為現代醫學——從研究到臨床——都沒有關照到人類經驗裡的核心要素。所以他把自己的默觀經驗和科學專長結合在一起，發展出一套正念（mindfulness）的減壓法，而現在他已是麻州大學（University of Massachusetts）醫學系的榮譽教授了。如果說卡巴金革命了身心（mind-body）醫學，賦予它堅實的科學基礎，應該沒有過分。

現在他的這一套正念抗壓法是對老年人口真正有效的療法之一，這是為什麼我把它當作我減壓推薦單上的明珠。我強力推薦每天去做健康的正念練習，只是要注意自己在做的是哪一種的正念練習。

最後那句話聽起來有點警告的味道，沒錯，我的確是這個意思。近年來，正念變得非常流行，甚至上了《時代》（*Times*）雜誌的封面，然而卻也容易被輕描淡寫或解釋錯誤，甚或兩者都有。你如果上亞馬遜購物網（Amazon）搜尋「mindfulness」，會跳出一千個以上的項目，包括狗狗專用的正念練習！

但是只要我們選擇的是有同儕審訂過的發現，就不必擔心。我會界定一些基本的專有名詞，直接引用卡巴金自己的話，接著請你到我的網站上去尋找參考的論文（請點入 Reference 便可找到）。在參考文獻中，你會找到被反覆測試過的臨床實驗的詳細計畫表（protocols）。假如你願意練習正念減壓法——我強烈鼓勵你這樣做——去閱讀有證據的減壓法是個很好的開始。

我來告訴你一些學習方法吧。

正念，簡單的說，就是讓大腦專注**當下**，而不要去想過去或未來的一序列的默觀練習，它是平靜的、不帶任何批判性的練習。卡巴金自己這樣說：「正念是一種特殊的注意法，是一種刻意練習，它只專注在**當下**，而且不加批判。」

訓練方法包括兩個部分，**第一是覺識現在**，去注意發生在當下的任何一個微小的細節，把其他統統排除在外。你從身體開始。一個很流行的方法是集中注意力到你的呼吸上，另一個方式是集中觀照你的身體部位，例如專注在你左腳的知覺。讓葡萄乾留在你嘴中也是一種流行的方法。有些禪修方法會叫你清除你的思緒，什麼都不要想，但是正念的做法正好相反，它要你全神貫注去想。

第二個部分是接受。正念要你去觀察現在的經驗而不去批判，去覺察你的生活而不與之爭執。這個方法並不要求某些思緒，情緒或感覺的改變，甚至不要求它走掉。在當下，它就只是存在。研究上所採用的正念定義，都包含覺識和接受當下這兩個關鍵成分，我們要用的正念定義也是這兩種。

正念看起來簡單，但不容易。舉一個初學者最容易被分神的例子：老師叫學生去做呼吸練習，要專注在前額上，學生心想：

好，專注在我的前額，專注在我的前額。啊，哈囉，前額。等一下，我忘了倒垃圾，為什麼我先生不去倒垃圾？難道我是個——啊，不行，專注在前額，你的前額。吸氣。我專注在我的前額。討厭，我的肚子在咕嚕咕嚕叫了。有人聽到嗎？真是丟臉！我好餓。昨天的鮭魚真好吃，但是我倒了太多的奶油上去了，為什麼我每次都會這樣？好，不要去批判它。回到我的前額。呼氣。輕輕的。真高興我前額不再頭痛了，真希望我的老闆消失，我是因為這樣才頭痛的嗎？她真的很小心眼——哎呀，我的前額到哪裡去了？不要去想別的，快回到前額……

這使我想起一張海報，一個看起來很平靜的女士在練習默觀，海報上寫著：「趕快，內在的平靜，我沒有那麼多該死的時間！」

無疑的，我們繁忙的生活要養成正念的習慣很難。但是假如我們堅持下去，對我們的大腦會有非常大的助益。這些助益可分為兩類：情緒的調控（尤其是管理壓力的能力）和認知（尤其是專注的能力）。

簡單的說，正念使你安靜下來。這會帶給你各種的行為後果，比如說，有練習正念的老人睡得比沒有練習正念的老人好，這可能是因為正念降低了皮質醇的濃度。正念的老人他們憂鬱和焦慮的程度都低了很多。他們說，他們去反芻負面事件的次數變少了。他們也不覺得那麼寂寞。有時甚至覺得每天快樂的質和量都有很大的提升。

雖然還沒有直接的去測量，但有些研究者相信正念會延長壽命。這並非隨便說說。他們指出正念在免疫系統和心血管系統上的作用。那些練習正念的老人家比較少得傳染病，他們在心血管健康指標上，也比沒練習正念的老人多百分之八十六的機會落在正分的範圍上。由於心臟病、高血壓和免疫系統失調跟早逝有關（憂鬱症也是），因此這些科學家的相信可能有所本。

正念對認知也有正面作用，其中注意力被提升得最多。有一篇回顧正念效應的論文說：「最大的發現是，經過以正念為基礎的默觀練習之後，顯著的加強了注意力（例如降低對刺激的過度選擇〔stimulus overselectivity〕、提升了持續維持注意力，並且顯著的縮短注意力眨眼〔attentional blink，又稱注意力暫失〕，**譯註：這是一個心理學實驗的典範，當兩個刺激很密集的出現時，我們會看不見第二個刺激**）。現在也有證據，正念可以提升整體的認知功能和執行功能。」

這些數據都很樂觀，我挑注意力眨眼出來做詳細的解釋。注意力眨眼是指大腦在切換作業時所發生的注意力延遲。大腦切換作業需要時間，一般需要五百毫秒，大約就是眨一次眼的時間。年紀越大，需要越長的時間來切換作業，這個眨眼的時間就更長。除非你讓老化的大腦接受正念的訓練，那麼你切換作業的速度可以比同年齡的人快到百分之三十。這個速度幾乎是沒有接受正念訓練的二十幾歲年輕人的速度！

這是很大的差別。正念改變了你老化的心智操控注意力資源的能力，使你的心智更有效率。我們在後面會看到，年老的大腦把送進來的感官訊息整理分類的能力退化了很多，但是正念可以增進大腦分類的效率。

注意力不是唯一被影響的認知能力，研究者在視覺空間處理速度（visuospatial processing）、工作記憶、認知彈性和語言流暢（verbal fluency）上都有看到改進。你了解為什麼我會這麼強烈推薦你去練習了吧。

覺識和接受竟然可以改變你的行為，而且我們馬上會看到，它還可以改變你的大腦。要了解這些機制，我要舉美國NBA籃球教練傑克森（Phil Jackson）這個傳奇人物來說明，他在晚年時對成功之道已瞭若指掌。

滿場的壓力

傑克森是美國國家籃球協會（NBA）的前教練，他帶領芝加哥公牛隊（Chicago Bulls）打到六次世界冠軍，洛杉磯湖人隊（Los Angeles Lakers）三次世界冠軍。他可以說是美國最有名的正念實行者，他在他的《禪師的籃框》（*Sacred Hoops*）一書中，用的字就像是直接出自卡巴金似的：「打籃球就跟過日子一樣，真正的快樂是活在每一分鐘、每一當下，而不是只有在事情順你心的時候。」有些引用的話更隱晦，雖然還是從禪思出發：「生活不是只有籃球，籃球也不是只有籃球。」然後他也說過像進攻籃板那樣務實的話：「假如你在傳球路線上碰到佛陀，把球給祂！」

在他退休以後，曾多次受邀重出江湖，他也確實重執教鞭了幾次。二〇一四年，他六十八歲時，有人開出六千萬美元的合約請他擔任紐約尼克隊（New York Knicks）的總裁。雖然這個職位並不成功，於二〇一七年告終，但是傑克森一直是NBA史上最偉大的教練之一，傑克森把他的成功歸功於懂得攻心為上，這也是所有運動場上的最高原則。

研究者會同意他的說法。很多實驗室都在研究正念背後的神經機制，而且不只是在運動員身上而已。究竟正念是怎麼減輕壓力、增加注意力的？你可能猜是皮質醇的關係——猜得好，低皮質醇顯然跟壓力減輕有關係，但不完全是這個原因。研究者重複用這些皮質醇數據的關鍵部分進行研究，得到的結果並不一致，所以他們再向別的地方去尋找。他們假設正念減壓法會改變杏仁核的功能——再一次猜得好。

你記得杏仁核這個比小指頭還小的組織是我們情緒的發源地嗎？當給練習正念的人看一些讓人不愉快的環境刺激（如血腥恐怖片）時，他們的杏仁核比未接受正念訓練的控制組活化得低。這些人的靜止狀態（resting state）也處於比較低的基準線，這表示平日的正念練習可以帶來整體的平靜。雖然行為的效果很清楚，但是我們才剛要開始了解背後的神經機制。目前許多實驗室都在全力去了解，皮質醇的調控和杏仁核的改變跟觀察到的壓力減低有什麼關係。

把注意力放在注意力

研究者尚未把注意力完全放在情緒上面，注意力也是他們探索的目標。正念是如何強化注意力的？其中一個頗有成效的部分是前扣帶迴皮質（anterior cingulate cortex, ACC）的研究，這個名稱聽起來還以為是個體育聯盟，其實是大腦的一個神經區域。前扣帶迴皮質位於前額後面幾寸、眼睛上方的位置，約莫中等大小。它有許多功能，從維持注意力狀態到維持一種叫做執行控制（executive control）的心理機制。前扣帶迴皮質也負責偵測錯誤和解決問題，它在執行這些功能時，用的是大腦中名字取得最棒的一種神經束：von Economo 神經元（**編按：這是以發現它的神經學家 Constantin von Economo 命名**），不過現在被叫做比較無趣的紡錘體細胞（spindle cell）。這種細胞只有在最聰明的動物身上才有，如大象、猿、某些鯨，以及人類。

正念用持續活化前扣帶迴皮質——包含紡錘體細胞——的方式來增加注意力。練習正念的人，他們的前扣帶迴皮質活化的程度比一般人高，而且可以維持住，即使在靜止狀態，他們前扣帶迴皮質的活化仍然比一般人高。這種活化會影響大腦的結構，練習正念的老人他們前扣帶迴皮質的神經元外面包覆的髓鞘比較多。還記得我們在前言中有提到白質的作用是絕緣嗎？它幫助電流在傳導上比較快、比較正確。很可能正念的幫助就是強化和重組前扣帶迴皮質開關的部分，使它更有效率。

那麼前扣帶迴皮質跟杏仁核和皮質醇濃度又有什麼關係呢？好幾個實驗室都在努力畫出電路圖來說明正念的幫助，但是可能還要很長一段時間才會有結果。往好處想，還有很多新領域是可以進一步研究的，而且像我這樣的研究者幾十年後還會有工作，即使過了退休年齡也沒關係。

就像傑克森一樣，只是少了六千萬美元而已。

人鼠之間

下面是個悲哀的故事。這個故事有點像是一個經驗教訓，不管是對正念也好，對於我們在第一章給的忠告：要有很多朋友，以及所有本書給你的建議也好，這故事都給了我們一個警惕。

《獻給阿爾吉儂的花束》（*Flowers for Algernon*）是一部科幻小說，我小時候讀到這本書，永遠難以忘懷。這個故事是說一隻老鼠叫做阿爾吉儂，以及一個清潔工人叫做查理。這隻老鼠的智商跟一般的老鼠一樣，而查理的智商只有六十八。他們兩個都被選為手術的對象，目的是使他們變得聰明。手術成功了，阿爾吉儂通過了實驗室智商的標準，查理的智商增加到一百八。

然而，不久他們便發現，這個智商的增加是暫時的，阿爾吉儂最先惡化，最後死亡。牠被放在一個小棺材中，埋在查理家的後院。不久後，查理的大腦也開始退化，退到他原來的程度，這是很殘忍的事：查理記得他曾經聰明過。他最後的要求是請人買束花放在阿爾吉儂的墳墓上，真叫人鼻酸，記得準備衛生紙。

我為什麼要提這個令人沮喪的故事？在本書中，我談到生活型態的改變，如果你照著做，在統計上，你會有比較舒服的晚年，因為你的大腦會比較健康。但是請注意，我用的是「生活型態」的改變，可不是像貼OK繃一樣，暫時性的修補，等「傷口」好了就可以撕掉。這個老化的歷程並不是一般的傷口，它是不會停止的，也就是說，你生活型態的改變也不應該停止，必須一直維持下去。

這個證據來自一個實驗，學生們去養老院服務，一週一次。這些老人被分為四組，第一組由學生決定去服務老人的時間，第二組由老人選擇他們要學生來服務的時間，第三組的學生不定期去服務，但平均一週一次，第四組老人沒有學生去服務他們（是所謂的控制組）。在這期間，實驗者給老人做各種生理和心智的測驗。

讀過前面關於朋友的章節，你可能可以猜到，那些有跟學生互動的老人，在情緒、健康和認知上都比較好。

但是，就像《獻給阿爾吉儂的花束》一樣，當學生的服務終止後，這些原來固定有學生探訪的老人，變得比從來沒有學生探訪的控制組還糟，比他們原來的基準線（在實驗開始之前所做的測量）還糟。學生的探訪使他們變得聰明、健康、快樂，但是一旦探訪停止了，他們的大腦功能退化到實驗之前的水準以下。

這個研究甚至讓我們覺得「還不如一開始就不要有任何的額外社交互動」，或是說「假如開始了社交互動就一定要繼續下去」。變成永久性的每日慣例，這就是我所說的生活型態的改變。假如你沒有為你的餘生創造出一個強有力的社交行程，或是終其餘生練習正念，都要擔心中途停止的後果。當然，假如你能持續生活型態的改變，你的餘生是令人振奮的。

總結

正念不但撫慰，同時增進我們的大腦功能。

- 壓力有生物上的原因，是要使你避開危險的。它本來應該是暫時的，如果停留在壓力狀態太久，它會損壞你的大腦系統。
- 對老化要保持正向的態度，假如你覺得年輕，你的認知能力會進步。
- 從事默觀的正念練習，使你的大腦專注在當下，而不是在過去或未來，這可以減低壓力和提升認知。
- 改善你的生活型態，假如你希望老的時候享受身體和心智的健康，你的選擇需要持之以恆，變成你每天生活的一部分。

Ch. 4

你的記憶

大腦規則

記住，學習永遠不嫌晚，教導別人也是。

上帝賜給我們記憶，使我們在十二月可以有玫瑰。

～詹姆斯．巴里（James M. Barrie），《彼得潘》（*Peter Pan*）作者

我的短期記憶不但糟得可怕，連我的短期記憶也是。

～無名氏

下面這個真實故事應該命名為「專司拯救的好太太」。

有一次在西雅圖的酒會中，有人介紹我認識一位非常有趣的同業人士，我們兩人很快就聊起了科學，聊得渾然忘我。我太太跟她朋友談完話後，朝我這邊走來，我知道我應該好好介紹這位科學家給我太太認識，這是社交禮貌，但是我突然發現我已經完全忘記這位同業的名字了！太糗了。我太太一眼便看出我的窘況，立刻先伸出她的手，自我介紹一番，這位科學家也立刻報上他的名字。看到了嗎？為什麼我說她是專司拯救的好太太。

隨著我們年紀漸長，這種突然之間忘記的情況會常常發生，而且只會越來越頻繁。喜劇演員喬治・柏恩斯（George Burns）常常用這個當主題來開玩笑：「你先是忘記名字，然後忘記面孔，再來忘記把褲子拉鍊拉上，最後忘記把它拉下來！」柏恩斯活到一百歲生日過了才過世，他一直是美國最受歡迎的諧星是有道理的，他一語道破記憶失靈的窘況。

柏恩斯這麼活力十足地調侃事情，可說是個很好的例子，讓我們看到記憶系統到老了還可以充滿活力。那麼前面來拯救的太太例子中，那種健忘又是怎麼一回事呢？我們大腦中有許多記憶系統，我們下面會發現，它們老化的速度並不相同。究竟是哪些改變會使我們整夜睡不著覺？哪些又是我們可以不用理會的呢？對於逐漸失去的記憶系統，有什麼我們可以挽救的嗎？

這些就是我們在本章中要討論的主題。從當我們老時，記憶會變得怎麼樣開始，我們下面要打破很多迷思。

記憶的許多種類

如你們所知，大腦裡面不是只有一個記憶系統，不是在我們額頭後面裝了一個硬碟機那樣。大腦中有許多不同的記憶系統，有點像一台高檔的筆記型電腦，外面有二十到三十個外接硬碟。

每個系統負責處理一種特定記憶，每個系統裡面都有很多自由工作的神經電路，各自以半獨立方式運作。我們現在做一個假設，你記得高中上工藝課的時候，大家正在學習如何使用車床，那時你的朋友傑克切到手了。在意外發生之前，學習如何使用車床會用到一個特定的記憶領域（運動皮質區 motor）；你記得被切到手的人叫傑克而不是布萊恩，用到的是另外一個記憶領域（陳述性記憶 declarative memory）；你記得事件發生的時間和空間（在早上的工藝課），以及當時在場的人（你和傑克），這又用到另外的記憶領域（事件記憶或情節記憶 episodic memory）。

這些系統彼此不斷的通話，整合並更新它們在每一剎那間所得到的資訊。但是它們是怎麼做到的，我們現在仍不清楚，我們只知道很複雜，絕對比錄音機按個播放鍵來得複雜。更複雜的是，我們還有短期和長期記憶系統。為了簡單起見，我們會聚焦在長期的記憶上，除非有特別註明才是指短期記憶。

因為科學家對記憶系統的運作還不是很清楚，因此任何企圖去組織它的整體架構，都會有理論上的缺陷存在。但是有一個理論架構我很喜歡，也是本書所用的理論架構，就是用意識和無意識功能來組織人類的記憶系統，即當特定型態的訊息進入大腦時，是有意識的還是無意識的被處理。

有意識提取的系統叫做「陳述記憶」，即這個記憶是容易陳述的。陳述記憶有兩個部分：一個是語意記憶（semantic memory，使你記住早上升旗時所背誦的《效忠宣言》〔Pledge of Allegiance〕），一個是事件記憶（使你記得上次看的電視劇內容）。那麼我所謂的「有意識的提取」指的又是什麼呢？假設我問你：「你今年幾歲？」你回答：「不關你的事。」你知道你幾歲，你有這個意識，你用你的英文知識生氣的回答了我的問題，這也是有意識的。

另外一種是你已學會的技術，這是不需要意識就能記得的。以開車為例，難道你是有意識地從長期記憶中把這個技術叫出來，然後對自己說：「我現在要打開駕駛座的門，坐進去，用我的大姆指和食指抓住車鑰匙，插進鑰匙孔，順時鐘轉三十度，等待引擎啟動。」當然不是，你只是上車把車開走而已，幾乎不需要覺識這些動作。這種記憶叫做「程序記憶」(procedural memory)，程序記憶和陳述記憶的一個差別就在有沒有意識的覺識。

我們所有的記憶，不論有意識或無意識，都來自學習的經驗。你不是天生對不禮貌的問題感到生氣，也不是天生就會開車，但是在你學習它們時，動用的是不同的大腦部位。所以科學家為了表達這種差異，會抬頭挺胸嚴肅地說：「記憶不是單一的現象。」

這些記憶系統的老化也不是單一的現象。前面提到的柏恩斯是個很好的例子，他跟拉斯維加斯的一間賭場簽下終身契約，在那邊表演脫口秀。

那年他九十六歲。

哦，我的天！是喬治・柏恩斯！

「當你停下來綁鞋帶時，一邊想著我蹲在這裡還可以順便做什麼事，你就知道你老了。」柏恩斯挖苦地說。他開玩笑形容自己一天抽十五枝雪茄的習慣：「在我的年齡，我必須要抓緊某個東西才不會失落。」他還笑稱性就像是拿繩子去打撞球。他說：「我很想跟同年齡的女士出去約會，但是沒有女士跟我同年齡。」他在熱門電影《噢，上帝啊！》（*Oh, God!*）中扮演全能的上帝，當別人問他為什麼導演會選他做這部電影的主角，他開玩笑說：「我在年齡上是最靠近上帝的人。」他在八十歲時贏了一座奧斯卡金像獎。賭城凱撒皇宮大酒店（Caesars Palace）的老闆會跟這位九十六歲的諧星簽約，正是相信他的生命力，他們要獨家轉播他一百歲生日當天的演出。接著我們就來了解，為什麼他的喜劇天賦還能夠維持得這麼好。

語意記憶是對於事實的記憶，這種記憶不會隨著年齡而退化。支撐這種記憶的資料庫是你的詞彙量，而事實上，這方面的能力是隨年齡而增強。你在二十歲時，詞彙測驗的分數是二十五分，到你六十多歲時，分數超過二十七分了。這看起來沒什麼了不起，但是老人家的大腦最大問題就是記憶退化，很少人會預期它的分數會上升，然而這正是科學家所觀察到的現象。

程序記憶也是一樣。程序記憶（潛意識提取的記憶，屬於動作記憶的範疇）不會隨年齡的增長而衰退，有一些研究甚至顯示有稍微的進步。有一個實驗教年輕人和老人一項視覺運動的作業，兩年後再來測他們的記憶。他們用平均活動次數（mean performance times）來測量，結果發現年輕組的動作記憶進步了百分之十，而老人組竟然進步了百分之十三。

這幾種記憶會一直保持強壯，這告訴我們一個好消息：你的確會越老越聰明（中國人說，薑是老的辣！），看你怎麼定義變聰明和變老。會有這樣的結果顯然是因為老人家有很多經驗，這些經驗提供了兩個好處：第一，**老人的知識庫比較大，所以在做決策時，老人的選擇會比較多**。當遇到像中東和平歷程這種複雜、混淆不清、細節瑣碎的議題時，老人就比較佔上風。

第二，老人的決策比較不衝動，想得比較仔細。老人通常決定下得慢，那是因為他有許多選項去考量，他的大腦有許多額外的記憶痕跡（memory trace）要去啟動。老人的大腦仍然有彈性，也有可塑性，只不過，儲藏的訊息越多，做決定就要花更多的資源，所以老人比較不會犯愚笨的錯誤。有一篇論文如此來形容這個現象：「健康老人的腦比較不會、也比較不需要像兒童和青少年一樣，對環境的挑戰做出具有彈性的反應。換句話說，老人有很多社會經驗，使他有很多反應模式可選擇。」

你可以把這種豐富的反應模式叫做「智慧」（wisdom）。

說到這裡，柏恩斯的生活又給了我們啟示。他的表演橫跨綜藝歌舞、廣播、電視、電影各領域，是少數在二十世紀所有的娛樂媒體中都發展過的喜劇演員之一。到他九十六歲時，他的大腦中已經充滿了工作八十年來所累積的智慧。

難怪他們要他扮演上帝。

現在來講壞消息

並不是所有的記憶都不受年齡影響，有一種會衰退的記憶類型，我們可以用皮克斯（Pixar）過去的一部電影來說明。

我的家人都很喜歡看《海底總動員》（*Finding Nemo*）這部可愛的皮克斯電影。在這部電影中，尼莫（Nemo）的爸爸（一隻小丑魚）看到他的孩子被一群潛水員抓走，他在路上碰到擬刺尾鯛多莉（Dory，電影中由艾倫．狄珍妮〔Ellen DeGeneres〕配音），多莉興奮地說她看到了潛水員的船：「它往那邊去了，跟我來！」他們兩個就尋著船的尾跡拚命游去找尼莫。

但是沒多久，多莉就慢下來了，她開始迂迴前進，疑神疑鬼地回頭看尼莫爸爸，好像不再認得他了。「你不要再跟著我，好不好？」多莉突然大聲喊叫，令尼莫的爸爸嚇了一跳。「你在說什麼呀？你不是要帶我去看潛水船到哪裡去了嗎？」尼莫的爸爸吃驚地問。

多莉停下來，突然笑起來：「嘿，我剛剛有看到一艘船駛過去。」這時她的大腦重新開機，像是啟動的火箭般活力充沛：「它往那裡去了，跟著我，它往那裡開過去了！」語畢便一溜煙往剛才的方向游去。尼莫的爸爸很受挫，質問她剛剛是怎麼一回事，他們停了下來，她解釋道：「我很抱歉，我有短期記憶流失的毛病，我會突然忘記一些事情，這是家族遺傳的關係。」

這是工作記憶的一個可怕例子。工作記憶是一種認知工作空間，我們以前叫它「短期記憶」，認為它是一個簡單的、被動的儲存空間，是暫時存放資訊用的。但是它其實遠不只這樣，我們還是認為它是一個暫時性的工作空間，但是絕對不簡單，也不被動。

貝德利（Alan Baddeley）是最早創造出「工作記憶」這個名詞的英國研究者，他認為這個工作空間是動態的，擁有許多次級歷程，它的功能像辦公室桌上堆的牛皮紙公文夾，內裝有許多不同的文件。他說的全部都對。這些工作記憶空間用來暫存資訊，其中一個檔案夾裡面裝的是視覺訊息，叫做「視覺空間描繪本」（visuospatial sketch pad），另一個檔案夾裝的是語音訊息，叫做「語音迴路」（phonological loop），還有一個檔案夾負責協調所有檔案，叫做中央執行（central executor），它不儲存任何記憶，只存放一個追蹤程式，追蹤其他的工作記憶在做什麼。

工作記憶的缺失常使人發窘。你開始常常找不到鑰匙，忘記你本來要講什麼、要做什麼，或是忘記別人在講什麼、做什麼。你跟別人講一件事，結果別人說你已經講過了，我們都有過這種經驗。這種記憶的衰退可以很戲劇化。有一個研究說，我們在二十幾歲時，工作記憶的分數是零點六（這是標準化後的分數，即 E score，要查這個測驗請上 brainrules.net 的網站），這是很高的。很不幸地，當我們變老時，這分數下降了，到四十歲時，分數只剩約零點二，到八十歲時，降到負的零點六（非常低）。

工作記憶是「執行功能」中的主要部件，執行功能會隨著年齡而衰退，我在後面的章節中會詳細討論它。不用多說，工作記憶的失調，也就是多莉一直以來的問題（其實挺可愛），遲早也會發生在我們身上。

順便說一下，多莉是對的，工作記憶有遺傳上的關係，也就是說，你要慎選你的父母親，但是我們沒辦法，那麼就得好好的遵循這本書給你的忠告。

我後面會告訴你，該怎麼做才能保存你的工作記憶。在這裡，我還有一些壞消息要告訴你，是一個最有名的拳擊手的故事。

拳擊賽中倒數讀秒計時

短期記憶不是唯一會有麻煩的記憶，有些長期記憶也會。

有一個電視節目叫做《這是你的人生》（*This Is Your Life*），有一集的主角是史上最有名的運動員之一——拳王阿里（Muhammad Ali）。他是偉大的前拳擊手，和電視圈的關係良好。阿里因為常常出言不遜，被人家說他的嘴就跟他的拳一樣有名。他非常的自信，他曾說：「我很壞，壞到藥對我都無輒」、「他們應該用我做郵票，因為這是唯一可能打敗（lick）我的方式。」（**譯註：lick是「舔」的意思，美國郵票背面有膠，寄信人不必找漿糊，只要舌頭伸出來舔一下，膠就溶化可以貼了，但lick也有打敗的意思，這裡是雙關語。**）

《這是你的人生》是個半自傳型的節目，常安排一些人際關係的突襲。通常他們找名人上電視，然後安排他們過去見過的人出現在節目中，他們就只專程為了節目來一趟，有些人甚至已經幾十年沒見過面，有時節目中這些人會出其不意的捅名人一刀，把他多年前的隱私挖出來，讓他在電視前面出糗。拳王阿里在一九七八年上過這個節目，製作人找來了阿里的父母、兄弟、太太和其他傳奇性的拳擊手，節目最感人的一個片段是製作人突然播放了一段短片，美國娛樂界的傳奇人物湯姆．瓊斯（Tom Jones）在專訪中回憶他和阿里初次見面的情形（誰會料到他們竟然有私交）：

「我現在在賭城拉斯維加斯的化妝室中，等待上場表演。我記得第一次看到你是差不多十年前，在紐澤西州櫻桃山（Cherry Hill）的拉丁賭場（Latin Casino），當時有人敲門，我抬起頭來，看到你站在門邊……」最令人驚訝的是阿里在聽到瓊斯說話時，臉上的表情，他顯然是震憾住了。而後一邊聽瓊斯說話，阿里不時摸著自己的眉毛和鼻子。「我們從此就是好朋友了。」瓊斯這樣結束訪談，阿里靜靜的坐在那裡好一會兒。他的一生充滿榮耀，今天令他震驚的不是出現了對手，而是出現了一個他完全不記得的記憶。

事件記憶是陳述記憶底下的支派，它就如其名，是管事件的記憶：在什麼時候、背景發生了什麼事，還有很重要的是，隨著時間下來的相互關係。事件中的人物往往有所互動，假如裡面的人物剛好是你，我們就叫它自傳型的事件記憶（autobiographical episodic memory）。事件記憶跟回答何事（what）、何處（where）、何時（when）有關，而這正是《這是你的人生》節目的主幹。

事件記憶有兩個主要部件：被提取的訊息和這訊息發生的情境。前者可能只是語意記憶——對事實的記憶，但是後者是事件記憶的特殊之處，叫做源頭記憶（source memory）。你可以把它想像成在聽一個人演講，語意的記憶是記得他講了什麼，源頭的記憶是記得誰在講這些話。

雖然事件記憶會深入語意記憶的資料庫去提取資源，它在大腦中的結構卻是顯著不同的。我們怎麼知道？有些人天生就有很強的事件記憶，但是他們的語意記憶卻是一般到稍差的程度。一個有名的例子是有位女士，記得從小到大的所有事情，完全不會出錯，她的自傳型事件記憶顯然沒問題。但是她在學校的表現卻是中下，背誦那些普通的事實對她來說很困難，她還得用條列的方式才能背起一些乏味的事情，因此她的陳述記憶是有問題的。她可以記得八年七天又四小時前的晚餐吃了什麼，卻背不起九九乘法表，可見它們真的是兩個不同的系統。

現在來宣布一個壞消息：事件記憶和工作記憶一樣，會隨著年齡而惡化。研究顯示，從你二十歲到你七十歲，你的事件記憶退化了百分之三十三（事件記憶的頂峰在二十歲），祖父會比孫女更記不得早飯吃了什麼。

我們現在知道出錯的是哪一種記憶：源頭記憶。有一個實驗是測量年輕人和老人在聽完演講後的記憶。他們先要回憶出演講的內容，然後將演講的內容和演講者配對起來。年輕人和老人對內容都沒有問題（這是語意記憶），但是老人家比較不記得是誰講的（源頭記憶），他們甚至不記得演講者的性別，而這種部分源頭記憶（partial-source memory）本來是不需要動用到很多大腦認知資源的。

從神經學的觀點怎麼來解釋事件的記憶呢？事件的記憶牽涉到海馬迴和大腦預設模式網絡（default mode network, DMN）之間的連接。事件記憶跟海馬迴有關係，這可以理解，因為海馬迴是管記憶的地方，但是為什麼跟大腦預設模式網絡有關係呢？如果你稍微了解它的功能，你就會懂了。

預設模式網絡是一組分布很廣的神經網路，在你額頭後方，連接的區域包括你兩耳之間的大腦。它之所以被稱為「預設」（default），是因為它只有在你不活動時才活動，如你很無聊，在發呆、做白日夢時，它會活化起來。預設模式網絡跟你的事件記憶有很大的關係，尤其是你前額葉皮質右側的神經元。那些讓你做白日夢的神經元可能也與敘事有關（白日夢就是你在對你自己說故事），這還挺有道理的，因為兩種活動都和事件的特徵有關。

當我們年老時，海馬迴和預設模式網絡都開始退化，我們從結構上（體積的縮小）及功能上（神經連接的改變）都可以看到這種變化。惡夢就在這裡，大腦沒有足夠的力量去克服這個缺陷，除非你特意去補救，不然這個改變是永久性的。少量的退化是每個人都會有的，但是大量的退化就不正常了，阿茲海默症的一個顯著特徵就在於此。

很不幸的是，工作記憶和事件記憶並不是年紀大了以後唯二退化的系統，我相信你已經經驗過第三種退化了。

舌尖現象

有一個老笑話說：兩對老夫婦看完電影走路回家，太太們走在前面，邊走邊聊，先生們跟在後面。其中一個男人說：「我們昨晚去了一家餐廳，非常好，你下次可以去。」他的朋友問：「叫什麼名字？」老人開口想說，但想不起來：「我不記得了。那個每個人都喜歡的花叫什麼名字？就是每年情人節你送的那種花。」「你是說玫瑰嗎？」他的朋友回答，很疑惑為什麼話題從餐廳跳到情人節的花朵。「對，就是它。」這個老人回答，然後大聲地呼喚走在前面的太太。「蘿絲，喂，蘿絲，我們昨晚去的那家餐廳叫什麼名字？」（**譯註：玫瑰〔rose〕是很多女孩子的名字。**）

幾乎我認識的每一個人，都多多少少有過上述記憶喪失的經驗。你想講一個名字，這個名字在你腦海中打滾，就是轉不出來，隔天中午它又突然出現了。這個叫做「舌尖現象」（Tip of the Tongue phenomenon）。當我們年紀大時，這個現象就越來越普遍，一般來說，七十歲的人比三十歲的人多了四倍。

很有趣的地方是，這種遺忘並不是全面性的，在前面那個笑話裡，老人知道他昨夜去了一家餐廳，也記得很好吃，想推薦給他的朋友，他也真的有把這個意思表達出來了，顯示他的語言理解力是沒有問題的，他唯一想不起來的只有餐廳的名字。

所以結論就是：語言的理解力和說話的能力並不因為年紀大而衰退，就像罐頭桃子一樣保存得很好。然而無法存取語音表徵（phonological representation，**譯註：找不到那個字該如何發音、叫不出來**），則像在太陽底下放了太久的桃子，是無法保存的，這種能力會因年紀大而衰退。

所以記憶在退化上並不是一致性的。科學家有沒有歸納出記憶退化的時間軸，好追蹤記憶退化的歷程呢？這是一個很重要的問題。許多老人家只要一想不起來他最喜歡的酒叫什麼名字，就開始擔心自己是不是得了失智症。其實不必，大部分的這種遺忘是正常的，只代表你年事已高而已，沒有其他意思。而且你有辦法減慢，甚至翻轉這個衰退。僅有少數情況的記憶喪失可能是更嚴重問題如失智症的徵兆。我們在後面的章節中，會教你如何去區辨一般的記憶衰退和可怕的失智症。

在這同時，我想告訴你，科學家對什麼記憶會衰退、退多少和什麼時候衰退都還沒有定論。你聽到這樣或許有點莫名的安慰吧。為什麼會這樣？因為老化是一個非常個人化的經驗，加上科學家對記憶是怎麼一回事還沒有十分的了解，所以這個問題就變得更複雜了。根據有同儕審訂的研究結果，我們綜合出下面兩點結論：

一、在任何一個年齡，有些記憶會變好，有些記憶會變壞，有一些不改變。

二、大部分的記憶在三十歲以後開始下降。

例如，對大部分的人來說，工作記憶在二十五歲到達頂點，持續到三十五歲以後開始慢慢的走下坡。

事件記憶比工作記憶早五年到達頂峰，然後跟工作記憶一樣慢慢的下滑。

但是我們的詞彙直到六十八歲才到頂點，這看起來是件好事，但是仔細一檢查卻發現有點矛盾。假如你在過了二十五歲之後，便會有舌尖現象出現，怎麼可能到六十五歲是詞彙能力的最高點？看來應該是你有很大的詞庫，但是能夠取得詞彙的能力卻下降了。

假如我們打開一個老年人的大腦，去看一下他記憶的提取是怎麼回事的話，你認為這個謎團可以被解開嗎？可能可以，所以我們就去走一趟神經科學家所走之路。在出發之前，我們要先請聯邦星艦企業號（USS *Enterprise*）船長寇克（James T. Kirk）來協助一下（**譯註：這是一個虛構的人物，是美國影集《星艦迷航記》中的船長**），我們要來聊聊他和葛恩（Gorn）的一場對決。

不擇手段

在《星艦迷航記》（*Star Trek*）的〈格鬥場〉（Arena）這一集中，跟寇克船長打對台的是一個叫做葛恩的爬蟲類外星人，他們原本為了領域權而陷入星際爭鬥，雙雙被一種高等外星人傳送到一個星球上去，不准用任何的先進武器，只准用雙手和智慧展開一對一的對決。

當然最後一定是寇克船長贏，他在這星球上，發現了可以製造彈道武器的基本材料，包含可以做成小口徑砲筒的竹子、做子彈的類鑽石材料，還有做火藥的基本成分。於是他用這個克難的小砲攻擊葛恩，使葛恩受了重傷。但是他展現莎士比亞式的風範，最後決定不殺葛恩。這一集讓我們看到如何發揮創意尋求權宜之計、可惡的光子魚雷，還有寇克秉著道德榮耀展開救援。

不過探索頻道（Discovery Channel）的《流言終結者》（*MythBusters*）這個節目曾經想複製寇克

船長的創意武器，結果發現這種竹子砲不管做得有多堅固，只要一點燃，自己就先爆炸了。所以結論是：寇克船長會先被他所設計的武器炸死。

你可能會說寫劇本的人沒有物理知識，但是你不能否認寇克的創意。而這正是我們年老的大腦在我們記憶力下降時，所能提供我們的。

一個例子是語法的處理（syntactic processing），即把文字組成一個有意義可以被理解的句子。老人學家發現，雖然老人的口語能力沒有改變，但是大腦完成它的過程有改變。

年輕的大腦一般會活化布羅卡區（Broca's area）來完成語法的作業。布羅卡（Pierre-Paul Broca）是十九世紀法國的醫生（曾被教會譴責為「唯物主義者以及墮落的青年」），他發現左腦靠近耳朵上方處的神經迴路對說話很重要，故此區域是以他的名字命名。假如你對解剖學有偏執的話，布羅卡區就位於下額葉皮質（inferior frontal cortex）後顳中迴（posterior middle temporal gyrus）裡面靠左側的地方。布羅卡區包含兩個區域：大腦的BA45區和BA44區，這兩處就是語言的來源。我們是怎麼知道的？假如這兩條迴路受損了，你就無法說出合乎文法的句子來，你的話無人聽得懂，你對語意的了解也受損。

就像一個年華老去的名人，這些迴路隨著大腦老化而開始褪色，連接大腦不同區域的神經路徑慢慢失去彼此溝通的能力。連結喪失通常預告著功能喪失。這就是研究者迷惑的地方，因為語法的處理在年老的大腦中是保存得好好的，並沒有壞掉。

下面是你的大腦如何把你轉換成寇克船長，它會抓住竹子的尖端，去想它可以做什麼用。大腦察覺到語言功能的喪失，於是四處張望大腦有什麼地方平常不是用來處理語言的，開始去依附它們的功能。科學家觀察到兩個補償的改變：第一，年老的大腦開始刺激錯誤邊的大腦神經元（即右腦）來處理語言的產生（本來應該是左腦的布羅卡區來管說話的），去把本來不是處理語法的大腦地區拉進來工作。第二，這個招募活動延伸到前額葉皮質，啟動了那些本來不管語言的神經元（我們不知道為什麼大腦只在老人在做某個作業時，才去找別的區塊來幫忙，而平時不早早就去動員別的領域）。

除了拉攏其他神經元來幫忙之外，大腦同時也重新組織語言中心剩餘神經元的電流通路關係。所以你的大腦就像在上演《星艦迷航記》的〈格鬥場〉，重新去找還可以用的武器，組合起來再去作戰，這次要對抗的敵人是老化了。

寇克船長應該覺得很驕傲吧。

嘗試新事物的力量

「這是什麼？」一個小男孩在早餐桌上問他的哥哥。他指著一碗桂格的 Life 早餐穀片，他的哥哥聳聳肩：「就是一種穀片，聽說對你的健康很好。」他們兩人都不想吃這碗穀片，把碗推來推去，突然間，其中一個說：「去給麥奇吃！」「對！」另一個附和著。「他不會吃的，他什麼都不愛吃！」他們兩人把碗推到弟弟麥奇的面前，很好奇結果會怎樣。沒想到，麥奇很高興地吃了起來，還津津有味，又吃了更多。「他喜歡！他喜歡！嘿，麥奇！」哥哥們驚訝得大叫。此時鏡頭切換到產品的特寫和廣告宣傳。

這個三十秒的廣告屢被選為十大最佳廣告之一，曾為桂格公司（Quaker Oats Company）帶來無以計數的熱銷量。雖然你很難相信嘗試新的東西會給你留下這麼不可磨滅的印象，而且只花三十秒，但是麥奇顯然就是一個活生生的例子，證明你是可以的。

重點來了，嘗試新的東西會帶給你好處，這幾乎是科學所知可以增進記憶的最重要方法。

是的，雖然記憶會自然衰退（而且大部分的記憶類型不會自然而然去找別的神經元來援助），我們並不是無計可施，我們可以用一個方法來阻擋記憶因歲月而衰退：**回到學校去學習**。

是的，我鄭重告訴你，務必讓你的大腦養成終身學習的習慣。去上課，去學新的語言，去閱讀直到你已視茫茫。老年的大腦一樣可以學新的東西，為了維持這種能力，你必須每天都投入學習，沒有例外。你要拿起麥奇熱忱的湯匙，把記憶退化的蜘蛛網掃掉。

研究者甚至知道哪一種學習最有效。這是以心理學所說的「全心投入」（engagement）為基礎，可分為兩種：第一種是接受型的投入（receptive engagement），你被動的、悠閒的學一些東西，刺激那些你已經熟悉的知識區域，這種方式已證明可以增進老年人的記憶。

但是還有一種更好的方法是「製作型的投入」（productive engagement），這種方法有助於記憶的大躍進。你主動而且積極去嘗試一個新的想法，最好的方法是去找你平常不同意他的看法、常跟他爭辯的人。「製作型的投入」牽涉到一些不一樣的體驗，包括你的假設被挑戰了（發現原來不是這樣），你的看法拓展了，你的偏見被質疑了，你的好奇心被挑起了。這種是最能夠使你記憶不衰退的方法。

我們怎麼知道這種方法有效？我們來看看製作型記憶對事件記憶所產生的效應。德州大學達拉斯分校（University of Texas at Dallas）的研究者發展出一個「突觸專案」（Synapse Project），其中包括兩種學習：接受型和製作型。老年人學習兩者之一，每週十五小時，為期三個月。製作型組學習一項技術，如數位攝影或縫製拼被（quilting）；接受型組則去社交。三個月後，兩組的事件記憶都有顯著的進步，但是製作型的進步可以說是暴增。研究者帕克（Denise Park）在二〇一四年的論文中寫道：「研究發現顯示，持續投入需耗費認知資源的新活動，可以強化老年的記憶。」

她太客氣了，其實製作型組的事件記憶比接受組進步了百分之六百之多。

積極主動學習所提升的功能不只有事件記憶而已，突觸專案所呈現的概念也不是唯一有效的概念。教導別人也會對記憶大有幫助，那些去教小學生基本能力的老人，如讀書寫字、如何使用圖書館、教室禮儀，都在特定的記憶領域顯現出巨大的進步（其實，其他認知領域也有進步）。這跟許多其他研究的發現一致，就是持續教導別人會使你的大腦靈光。

積極主動學習的效果非常強，甚至可以減少老人得阿茲海默症的機率，我們在失智症的章節中會詳細談論這個概念。這些研究發現的結論很清楚，即使你什麼都討厭，也要舉起你的湯匙去試試新的經驗。這是你能為大腦帶來的最好經驗之一。

禮讚聖人

下面是另一件你可以給你年老大腦的禮物。我可以用一句話來說明：「愚笨也是上帝的禮物，但是你一定不能誤用它。」這句話真讓人驚訝，主要是因為說話的不是別人，正是教宗若望保祿二世（Pope John Paul II，現在被稱為聖若望保祿二世〔Saint Pope John Paul II〕）。這著實讓我吃了一驚，因為在我過去的認知裡，他肯定沒打開過這個禮物。

我敢發誓教宗若望保祿二世的大腦跟梵帝崗圖書館一樣的大。他可以說至少八種語言（各界的描述不一），都非常地流利，還有幾十種以上的工作知識。他很喜歡音樂，出過一張唱片叫做《教宗若望保祿二世唱於 Festival of Sacrosong》（*Pope John Paul II Sings at the Festival of Sacrosong*，**譯註：教宗原是波蘭人，Sacrosong 是著名波蘭音樂節，自一九六九年開始舉辦，參加的人都獲頒一張證書，教宗當時是波蘭的紅衣主教，所以他的簽名在證書的最中央，簽的是 Karol Cardinal Wojtyla**），這張唱片賣得很好，還上了排行榜（最高排名第一百二十六位）。當他搬到梵帝崗時，他還請了私人音樂教師。他也是個勤奮的閱讀者，他對書本的喜愛僅次於他對大自然的喜愛。他擅長健行、划獨木舟和滑雪，贏得一個綽號「塔特拉山脈的敢死隊」（Daredevil of the Tatras，**譯註：**

塔特拉山脈是波蘭和斯洛伐克的交界山脈，是喀爾巴仟山系的最高山脈），這是在他成為教宗之前，他的滑雪同好幫他取的。這些活動對他一定有好處，因為他是史上在位期間第二長的教宗，他活到八十四歲，一生中除了年歲，爭議與讚譽也沒有少過。

不知道教宗自己知不知道，他的大部分生活型態和習慣對神經元來說是非常健康的，完全符合科學上對增進記憶的認知，尤其如果你想看的是具體的表現。例如，雙語人士在認知測驗上的得分比單語人士高很多。這些認知測驗包括記憶，尤其是工作記憶，**不管是幾歲的時候學第二語言都一樣有效**。學習的語言數量有些微的正相關：會三種語言的人得分會比兩種的人高，這兩者又比單語者得分高。用來測量創造力和解決問題能力的流體智慧，也是雙語者得分高。

學習語言有許多長期的效益。雙語者正常的認知能力下降就比單語者慢一點，他們得失智症的機率也比單語者低，連平均得病的年齡都比單語者晚四年以上。這些相關強到我可以對你建議：當你拿到第一筆退休金時，趕快拿去上課學外語。

另一個教宗給我們的啟示是聽音樂，即使平日只聽流行歌曲、不聽其他音樂的人，接觸音樂都會有好處。有一個實驗是給對音樂完全沒有經驗的老人四個月的音樂訓練，他們不但學彈鋼琴，還學音樂理論和看譜彈琴。四個月後測試他們的執行功能（包括工作記憶），結果發現有顯著進步。這些老人變得比較快樂（從他們對生活滿意度問卷中得知，包括測量他們憂鬱、沮喪和心理壓力的分數）。這個實驗的控制組則去學其他的休閒活動，如上電腦課、繪畫課等等。這個實驗的結果很清楚：音樂對認知功能的提升大於其他活動。

勤奮閱讀是另一個好習慣，對老化的大腦有幫助，而且令人訝異的是，對長壽的幫助更大。有一個十二年的長期追蹤研究發現，假如老人家每天至少讀三個半小時的書，他們在某個年齡的死亡率比不讀書的控制組少了百分之十七。假如讀的時間更長，機率可以減少到百分之二十三。閱讀的材料必須是書，也就是篇幅較長、細節較多。雖然讀報也有好處，但是效果比較差。

教宗還有一些習慣也對記憶有幫助，例如運動（爬山）就對長期和短期記憶有利。打坐也是。平常爸爸媽媽會告誡我們的生活習慣都對記憶很好：睡得飽、吃得健康、跟好朋友在一起。加上你父母沒有告訴你的：遠離有藍光的電子產品。

這就是我們在〈前言〉中說到的亞馬遜河的比喻了。許多小河流匯集成亞馬遜這世界第一大河，許多小習慣也成就了記憶功能的維持，它們合起來對整體認知和記憶所發揮的效果，好到值得當做養生的祕訣。**你越動用你的腦，就如同你在心智的健身房中越去舉重，你越能延緩記憶的衰退。**我們甚至知道延緩的比例，只要每天動用你的大腦比平常多，就能讓大腦的退化延緩零點一八年。

這真的不可思議。而且這項科學的證據還有上帝的加持呢，至少有一位穿著教宗袍子、最聰明的聖人，他的生活型態支持了這個數據。

私人的儲備

為什麼前額葉皮質的主動學習效果這麼好？這跟「認知儲備」（cognitive reserve）有關係。我想介紹你認識一下八十二歲的海林格（John Hetlinger），他可以幫助我跟你解釋這個概念。他是一個充滿活力、看起來有點傻傻的老人，他上過《美國達人秀》（*America's Got Talent*），結果在YouTube上面爆紅。當裁判問他以什麼為生、從事什麼行業時，他回答自己是一個航太工程師，是哈伯太空望遠鏡（Hubble Space Telescope）維修專案的退休經理。裁判一聽嚇一跳，瞠目結舌地說不出話來，而這只是他們滿地找眼鏡的開端而已。

當海林格開始表演後，裁判們的下巴全部掉下來了。音樂開始，重金屬的鼓聲響起，海林格壓低嗓音唱出：「Let the bodies hit the floor」，接著逐漸飆高嗓音，像一個重金屬樂團主唱似的爆發嘶吼：「Let the bodies hit the flooooor!!!」。

海林格也許有模仿重金屬樂團「黑色安息日」（Black Sabbath）的表演風格，以一種狂放不羈之姿，重新演繹了重金屬樂團「溺斃水池」（Drowning Pool）的名曲《Bodies》，一舉博得滿堂采。後來一個裁判問他：「在你工作的地方有重金屬搖滾樂的衝撞舞場嗎？」他笑著說：「沒有，但是有很多的啤酒。」

我無法想像重金屬搖滾樂跟修理哈伯太空望遠鏡之間的關係，而且是個八十二歲的老人家！海林格似乎有個看不見的神祕儲藏庫，裡面儲放了滿滿的能量、熱情和幽默。大腦科學家一定同意這一點，而且我們一點也不覺得神祕，也不覺得看不見，因為我們把海林格的能量庫叫做「認知儲備」。

認知儲備的觀念來自大腦儲備（brain reserve），它是一個物理上的測量，包括：（一）大腦的大小，（二）有多少神經元仍然在工作。認知儲備測量你運用大腦儲備的能力。早期的這個理論是用來解釋為什麼有人在腦傷後，能夠很快的恢復，有些人不行，結果發現差別在於受傷之前認知儲備的多寡。假如你能夠增加認知儲備，你就能像海林格一樣，到八十二歲仍然充滿活力，而不會活得像奧茲．奧斯本（Ozzy Osbourne，**編按：曾擔任黑色安息日之主唱，有過長年用藥、酗酒經**

歷，爭議事端不斷）。

研究顯示，假如你讓大腦充滿了有活力的認知經驗，也就是本章裡面所說的所有事情，就能灌滿認知儲備的水槽。你甚至可以測量它。每增加一年的教育經驗，認知退化就會延緩零點二一年（這個數字跟記憶退化的延緩非常接近，為什麼會這樣，不知道，它們之間有沒有關係？不知道。）但是根據這個研究的主要作者安東尼奧（Mark Antoniou）總結道：「認知儲備是大腦對神經病變所造成傷害的反彈力，它來自生活型態中，身體或心智刺激所造成的神經迴路改變。」

這個神經迴路的改變有兩個機制，第一個機制是先天的，有人天生就是有比較多的認知儲備，這些人大腦區域的結構跟認知儲備很低的人不一樣。要增加你從精神創傷中復原的機會，你的額葉、顳葉和頂葉（parietal lobe）三處皮質的神經元都要很健康才行。

第二個機制是後天的，那些一生都從事腦力和體能工作的人，他們到老時，大腦會比較有效率，他們的大腦比較「靈活」，有彈性可以創造出其他可行的神經迴路來取代舊的、受傷的迴路。

了解了上面的條件後，你可能會預期當你到達某個年齡時，你大腦的生物銀行會不會拒絕你額外儲備貸款的請求。假如你這樣想，你就錯了，你在任何年齡都可學習，都可以去加滿你的儲備水槽，這是神經科學上證據確鑿的定律，唯一的成交條件是你得起而行。下面是哥倫比亞大學阿茲海默症研究者的話：「即使在晚期，介入治療都能提升認知儲備，減少阿茲海默症的流行，及其他跟年齡有關疾病的惡化。」

我相信海林格一定同意這句話：永遠不會太遲去學新的東西。唯一阻礙你的是你的偏見——認為你太老了，不行了的偏見。

總結

記住，學習永遠不嫌晚，教導別人也是。

- 大腦的記憶就像有三十個外接硬碟的筆記型電腦，每一個硬碟掌管一個特定的記憶。
- 有些記憶系統老化得比較快，工作記憶（以前叫做短期記憶）會退化得很快，造成健忘的現象。事件記憶——生活事件的故事——也會退化。
- 程序的記憶——動作技術的記憶——即使年老也保持穩定。詞彙則因年齡而增加。
- 學習一個需要用大腦的技術，如學新的語言、新的樂器，科學證明這是減緩跟年齡有關的記憶衰退最有效的方法。

Ch. 5

你的心智

大腦規則

用電玩遊戲訓練你的大腦。

我已經到了思緒火車常不等我就駛離月台的年紀。

～無名氏

好奇怪呀！每天看東西都沒有改變，但是當你回頭去看時，每樣東西都不一樣了。

～無名氏

對五〇年代美國電視喜劇《我愛露西》的粉絲來說，露西上電視拍廣告、販售 Vitameatavegamin（維他命＋肉＋蔬菜＋礦物質）的那一集想必深植人心。這個很長又奇怪的字是捏造出來的，那一集叫做〈露西拍電視廣告〉（Lucy Does a TV Commercial，**譯註：作者推薦您上 YouTube 去看，我曾是露西的粉絲，看過很多次，的確值得一看**）。這一集是演露西正在拍電視廣告，推銷一種健康飲品叫做 Vitameatavegamin，所以先彩排，這段就是在演彩排的經過。

「哈囉，朋友們，我是你的 Vitameatavegamin 女郎！」她微笑著開場，笑得假假的。「你是不是覺得很累、筋疲力竭、打不起精神？你有在派對中睡著嗎？你是否不受歡迎？對上面這些問題的答案就在這一個小瓶子裡！」露西舉起這個瓶子。「Vitameatavegamin 裡面有維他命、肉、蔬菜和礦物質。」她繼續說，接著從瓶中倒出一湯匙的液體吞了下去。

接下來發生的事堪稱喜劇經典。這瓶中含有酒精或某種會影響神經的物質，當導播不滿意她的表現一再重拍時，露西就吞下了過多的酒精，大腦開始失能了。她大腦的處理速度開始慢下來，注意力無法集中，連台詞都背不好。她的決策能力下降，口齒開始不清，簡直沒辦法好好進行最後一次拍攝：「你有在派對中爆開（pop out）嗎？你是否不受歡迎？你有嗎？回答我！」露西提高了聲音，醉眼迷濛地看著鏡頭，拍拍那個瓶子說：「你所有的問題解決方法都在這一小……瓶中……維他命和肉，megetables和vinerals（**譯註：在此原文用了**megetables**和**vinerals，**取蔬菜**vegetables**的**v**和礦物質**minerals**的**m**對調位置，這在心理學上叫『首音誤置』**[Spooner's Effect]）。」她開始打嗝。「何不加入其他幾千個快樂的、誇樂（露西已口齒不清）的人，買一個大瓶的Vita-veetie-veenie-meany-miny-moe！」（**譯註：**Eeny, meeny, miny, moe**是美國孩子數數的遊戲**）。她瓶子沒拿好，把裡面的液體灑到地上去，接著想倒出一湯匙來喝卻對不準，最後乾脆就把瓶子舉起來，對著口大喝一口。在二〇〇九年，《電視週刊》（*TV Guide*）把〈露西拍電視廣告〉這一集選為電視百大劇集（TV's Top 100 Episodes of All Time）裡面的第四名。

露西大腦的逐漸失調不只是個愉悅的媒體歷史而已，科學家發現我們每個人都會經歷到這種跟年齡有關的認知功能下降，如大腦處理的速度減慢、注意力不能集中、很難做決定等等。但是我們只能怪日曆，不能怪酒精。

這聽起來好像讓人很沮喪，但是仍然有值得我們樂觀面對的理由。研究者發現這些認知能力其實很受外界介入的影響。**你可以玩電腦遊戲，它可以減緩你處理速度、注意力和決策力的下降，甚至可以翻轉過來使之變快。**有點像把〈露西拍電視廣告〉這一集倒轉著看，這樣一想，好像也還是會很好看。

我們等一下再來慶祝找到解決的方法。現在我要先帶你看一下這三個大腦處理歷程。

吵雜的雞尾酒會

我們第一個要談的是處理速度，這對現代電腦玩家來說應該不陌生，在認知神經科學中，所謂處理速度就是一個人執行作業的速度。

至於要測量何種神經速度，要看執行什麼作業而定。科學家用動作處理（motor processing）來評估反射反應，用認知處理（cognitive processing）來評估知覺速度和制定決策。我會聚焦在知覺速度上，它可以分成三個階段，讓我用一個真實的生活例子來說明：想像你不得不去一個雞尾酒會，裡面很吵雜，有個人拉著你去聽他吹噓孫女上大學。你的第一階段是接收訊息——你知道有訊息進來，把它放入大腦，以待未來之用（你可能對自己說：「噢，**那個孩子啊**，茱莉，我記得她。」）第二階段是反應，你找出這個訊息的意義，這通常帶有批判性（茱莉居然進得了大學？）。第三階段是反應動作，你要想出「該如何反應」並且執行（你大聲地說：「太好了，恭喜你。」然後趕快走開）。

但是年紀大了以後，這三個階段變得越來越困難，往往讓你感到挫折，因為以前不是這樣的。大腦的處理速度在小學到高中這段期間大幅增加，到你上大學時到達頂點，大學畢業後開始慢慢地下降。在四十歲以後，可以明顯感到改變。一般來說，二十歲以後，每增加十年的歲月，大腦處理速度會失去十毫秒（millisecond，一秒的千分之一叫毫秒）。你可能覺得這一點也不多，但是其實很嚴重。高功能大腦跟認知失調大腦的處理速度也才差約一百毫秒而已，各研究得到的數據不一。在符號取代（symbol replacement）的作業上，二十歲的年輕人比七十五歲的老人快了百分之七十五。

很不幸的是，大腦速度發展的倒U曲線中，下滑的部分跟關節炎一樣，是很容易察覺到的。當人們說他們的大腦老化時，除了指一些健忘的毛病之外，他們通常指的是處理的速度，只是人們往往不自知。這確實是有必要擔憂的，因為研究發現處理速度下降是認知下降的最大預測因子，也是統計上，最能知道誰將來需要日常生活幫助的前兆。雖然老人學顯示，每一個人體驗到的倒U型起伏（上升↓巔峰↓下降）不會完全一樣，但是確實每一個人都會經歷這些階段。

那麼你會有什麼樣的感受呢？你會覺得大腦好像被困住了、不能動。你越來越不能解決問題，即使解決了，也花了比以前更長的時間。你也越來越不能集中注意力，只要有干擾就很容易分心，例如在吵雜的雞尾酒會裡。你也不再能讀唇，而我們以前是可以做得很好的。

至於大腦為什麼會這樣，我們知道有許多原因，很多可以用家中的電線來說明，它們通常有好幾種顏色。

為什麼你家裡的電線要用各種顏色的外皮包住？除了容易分辨之外，外皮還有絕緣的作用。電線需要絕緣才不會短路，沒有外皮的電線就像一條沒有堤防的河，電流會像河水一般四處亂竄，除非碰到了東西。想像一條沒有包絕緣體的高壓電線，當人手觸碰到它時，人會被電死；如果易燃物碰到它，會引起火災，結果還是死傷。但是大多數時候，這不是問題，因為空氣提供了很好的絕緣，只要不去碰觸到電線就不會有事。這是為什麼高壓電線都高高掛在電線桿上，掉下來的高壓電線就跟一條憤怒的眼鏡蛇一樣，絕對要小心處理。

神經元也需要絕緣，雖然你永遠不可能被你的神經電到。白質就是包裹神經元的絕緣體。不是所有的神經細胞都需要被包住，樹狀突、細胞體和終端突就不必。它們在顯微鏡下是灰色的，所以叫灰質。人類出生時有大量的灰質，而後逐漸生成白質，這個包裹髓鞘的過程叫髓鞘形成（myelination）。大腦一直到二十五歲才整個包完髓鞘，所以在人出生後的身體發育比賽中，大腦是最後一名。

神經元沒有白質就像電線沒有絕緣體一樣，在大腦的水世界中（**譯註：大腦是泡在脊髓液中**），許多訊息會流失，認知相關的歷程也會減慢速度。許多認知老化就是神經元失去了絕緣，處理速度就是一個。

先天、後天和速度

白質和認知速度的減慢來自我們所熟悉的先天和後天因素。就先天來講，額葉發生了結構上的改變，它的白質開始減少。而這種狀況背後的機制現在已知，而且值得詳細說明。

白質是由少突膠質細胞（oligodendrocyte，又稱寡樹突膠質細胞）這種活細胞所組成，它們包在神經軸突上，就像包禮物的包裝紙是捲在硬紙板圓筒上一樣。當白質受損時，這些少突膠質細胞死亡，底下的軸突就露出來了。大腦想去徵召別的少突膠質細胞來修補，但成效不彰。年紀大時，這些原始的少突膠質細胞逐漸被次級的少突膠質細胞所替代，結構就逐漸變差了，這會影響電流訊號的品質，導致處理速度變慢。

另一個機制來自小腦的改變，這是我們還沒有談過的腦部區塊。小腦長得很像花椰菜，位於大腦的底部，不過它可不是一顆運動不足的花椰菜。小腦跟動作有關，最有名的功能就是動作控制（motor control）。你可以試試看一邊揮舞手臂一邊穿針，沒有小腦就是這種感覺。

這顆花椰菜（小腦）可說是多才多藝，動作的調節不是小腦唯一的功能，它也處理語言、注意力、情緒和處理速度——尤其是跟動作有關的（如按下按鈕的速度）。年紀大時會發生兩種改變，直接影響到處理速度。第一是小腦的灰質變少了，第二是從小腦到較遠區塊如頂葉（大概位於我們戴髮箍的位置下面）的神經連結受損了。這很重要，頂葉是綜合各個感官送進來訊息的地方，這些負面的改變會導致速度減慢。當這些再與額葉的改變結合在一起時，你就了解為什麼速度會減慢了。

此外，視力和聽力也會因年紀大而減弱，這也會影響大腦可以處理的數據多寡和種類。甲狀腺和心血管方面的毛病也會影響大腦功能，糖尿病也會。甚至呼吸器官的感染都會影響處理速度，這可能解釋了為什麼這種問題在老人身上很普遍，因為老人家的免疫系統普遍都比較弱。

後天也參了一腳。睡眠不足和壓力都會影響訊息的處理速度，使之變得十分緩慢。一些藥物如抗組織胺（antihistamine，治療過敏的藥物）、安眠藥，甚至某些抗憂鬱症的藥都會有影響。這裡又可以用上前面海納百川的亞馬遜河例子，強迫功能衰退的大腦去解決問題，它當然只好迂迴前進，速度就慢了。

這是處理速度，現在我們來看一下跟處理速度很有關係的注意力。

智力凸槌

在一個西雅圖的清晨，我搖搖晃晃地走到地下室的儲物室拿一些果汁來喝。下樓的時候，我注意到一路杯盤狼藉，我兒子昨夜開完派對，東西都沒收拾。我面帶微笑（其實是勉強擠出），撿起披薩的麵皮、紙盤、紙杯，然後在心中寫個便利貼，等一下要找他來談話。

我走到儲物室的門口停了下來，彷彿被普吉特海灣（Puget Sound，**編按：位於西雅圖的一處海灣**）突來的一場五里迷霧所籠罩，突然想不起我為什麼要到地下室來，只好晃回樓上去。後來我才發現我們根本沒有果汁了。面對這種注意力所造成的失憶，我不禁失笑。

我的記憶是怎麼了？年輕的大腦可以設定目標，然後雖然有很多惱人的干擾，它還是可以完成目標。年紀大的大腦忽略不相干事情的能力減低了，要去拿果汁結果被披薩打斷，這就是老年一個很明顯的認知行為。

我們怎麼發現這種「智力凸搥」的情況的呢？科學家用的是反任務（counter-task）測驗。我們忽略不相干事物的能力，從平均年齡二十六歲年輕人的百分之八十二，降到平均年齡六十七歲老人的百分之五十六。這就是為什麼我到地下室會想不起來我為什麼下來，我沒有辦法忽略披薩扔滿地的戰區，直接去拿果汁，所以我就分心了。很有趣的是，這個問題並不是因為沒有能力集中注意力。假如老人集中心智來做一件事，可以做得跟年輕人一樣好，說不定還更好，主要是在於無法忽略干擾物的關係。

其實，房間的失憶症（room amnesia，是的，科學家真的有給這種忘記幹什麼的現象一個名稱）可以發生在任何年齡，並不是只在老年。這個現象的發生跟「事件邊界」（event boundary）有關。美國聖母大學（University of Notre Dame）心理學家瑞文斯基（Gabriel Radvansky）說：「絕對不要站在門口。」他研究這個現象二十多年了。

我在地下室的糗事只是做一件事的時候被干擾的例子，如果同時要做兩件事的話呢？通常這被稱為多項作業（multitasking），但是這是不對的，科學家有一個更好的名詞：被瓜分的注意力（divided attention，又稱分配性注意力），因為我們實際上是在各項作業之間切換而已，並不是同時在做多項作業。

年紀越大時，在各種作業之間轉換注意力變得越來越困難，尤其是要快速不停變換的話。很悲傷的是，這個能力居然從我們大學二年級開始就往下降了，假如又遇到非常需要專注力的工作，就會更加困難。

心理學家有很多方法來測量這個被瓜分的注意力，一個方式是當你注意在看電腦螢幕時，有人在旁邊叫你去注意別的事。換句話說，就像你所看過的每一個新聞播報員一樣，一方面要播報新聞，耳朵裡一方面要聽從導播的指示。作業越複雜，年老的大腦越忙不過來。

科學家很早就知道沒有真正的多項作業這回事，大腦不可能同時監控兩個需要高注意力的作業。你大腦唯一的策略就是在兩個作業目標之間來回巡視，科學家測量的就是這個轉換的速度。結論是：老人家就是沒辦法做得很好，測得的數字跟前面提到的處理速度的數據很相似。

要說明這一點，沒有比老祖母開車更好的例子了。當老祖母在高速公路上變換車道時，很可能差一點就擦撞到旁邊的車子，因為她的注意力被前面突然慢下來的車子所吸引，就顧不到旁邊的車了；當她在路邊停車時，可能會低估前後兩車之間的距離；下雨天開車時，擋風玻璃上的雨滴會使她分心，而這些分心都會造成危險。

處理速度變慢也是一個問題。當大腦轉到慢速檔時，行車中遇到太多狀況就沒有辦法及時處理。在高速公路上沒有什麼方法可以即刻提升你的認知能量，所以處理速度太慢變成危害生命的一個危險事實了。這是為什麼許多老人不再開車了，你可能還想開車，但是你的大腦不想了。

我們談過了處理速度和注意力，現在要來談跟這兩個都有關的決策制定（decision making）。

不太流暢的智慧

德國的心理學家馮德（Wilhelm Wundt）可能是你所知道最有影響力的科學家，他在一九二〇年過世，但是他的真知灼見到現在還有影響力。在本節裡，我們要談談他的其中一個見解：情緒為本的決策制定以及它如何受年齡的影響。

馮德的童年並不出色，小的時候常孤伶伶一個人，長得瘦巴巴的。他在學校的功課很不好，所以有個老師建議他去當郵差。當他意外地進入醫學院時，事情開始改變了，他顯現出對生理學的興趣，而他更有興趣的是心智，於是他全心投入他的興趣，花六十五年的研究生涯在人類的行為上。

他在這個領域的成就卓著，被認為是現代心理學之父（**譯註：心理學有很長的過去，很短的**

歷史，因為心理學是從一八七九年馮德在萊比錫設立第一個實驗室開始計算）。他啟發了許多學生的心理學事業，有些人你可能從來沒聽過，其中不乏研究震撼全世界的專家學者，如開創兒童心理學的霍爾（G. Stanley Hall）和發明「同理心」（empathy）這個名詞的鐵欽納（Edward Titchener），不騙你，這些都出自他門下。

馮德一個最重要的理念牽涉到喚起（arousal）的概念，以及此概念在情緒為本的決策制定中所扮演的角色。假如我們有兩個選擇，我們會先從可見到的利益去考量它們。假如某一個選擇引起大腦的好感，我們會趨近它，假如引起的是負面的感覺，我們會避開它。這個簡單的趨避（approach-avoidance）原則就是我們制定複雜決策的基礎，雖然這不是我們決策的唯一依據，但它還是解釋了許多事。我在這裡提到趨避的概念，是因為它顯然受到年齡的影響，我們做出情緒決定的能力，在我們老時會像地殼的構造板塊一樣漂移。

各位應該已經很熟悉這種情緒決定的轉變了，因為我們在第三章有提到一部分，用了倫敦那個騙錢的假情人當例子，還說到我們的動機會隨著年齡從升遷轉為預防。研究者發現這個情緒決策的衰退只是一種更大衰退底下的一部分而已，這個更大的衰退，也就是真正受損的是流體智慧。

流體智慧簡單的定義就是：說服你解決問題的天賦出來發揮作用的能力，具體來講，這是一種不仰賴你個人的相關經驗，獨立於經驗之外去理解、處理、從而解決問題的先天能力。如同一篇論文說的，它是「很有彈性去發現、轉變、操弄新資訊的能力」。

因為訊息需要暫時保留在記憶的緩衝空間中——至少當你在操作的時候必須先暫存著——你可能會猜測工作記憶在流體智慧上扮演了重要角色。從實驗結果來看，你猜得沒錯。實驗發現流體智慧跟工作記憶有高相關，它們事實上是彼此相互影響，而我們已經看到工作記憶會因年齡而下降。

流體智慧通常跟晶體智慧相反。晶體智慧（crystallized intelligence，又稱晶體智力）的定義是能夠從習得的經驗中提取資訊的能力，是去運用先前儲存在大腦結構資料庫裡面的資訊。你應該還記得，不是所有的記憶系統都會因年紀大而衰退（有些甚至可以進步），而晶體智慧就是一例，這是從統計上看得出來的。晶體智慧在你一生中都相當的穩定。

但是流體智慧便不是了。典型的流體智慧從二十歲的頂峰到七十五歲時，下降了將近百分之四十，所以用到流體智慧的決策制定也會隨著年齡而衰退。其中有些決定需要**同時**接收各種來源的訊息才能完成，就好像同時要上一整桌的感恩節大餐，而且不能讓任何一盤冷掉（就算有工作記憶也無濟於事，因為工作記憶也會因年齡而退化）。流體智慧同時也包括牽涉到趨吉避凶問題的決策，這裡跟馮德的理論也有關。

這些都在一個神經網絡中進行，耶魯大學研究者稱之為「情緒─綜合─動機」（affect-integration-motivation, AIM）架構。這個架構是把大腦不同區塊透過主觀警覺（subject arousal）和流體智慧這兩個不同的功能組合起來。

在「情緒─綜合─動機」網絡中，依核（nucleus accumbens）控制正向的主觀警覺（依核同時也是調節我們愉悅感覺和上癮行為的地方），腦島控制負面的主觀警覺（也跟老人家易受騙以及各年齡層的厭惡感有關）。如前所述，這部分的系統會因年齡而退化。年輕人的腦島在負面的主觀警覺上非常的活躍，老年人的腦島在這情況下是安靜無聲的。

新的學習也被影響。當給老年人一個作業，這個作業需要用到他最近剛剛學的資訊來做決定時，他也做得不好。同時進來的訊息越多，他們做得越差。「情緒─綜合─動機」網絡也在此參一腳：它激發前額葉皮質和顳葉某些特定神經元，來控制流體智慧和決策制定。當你年紀變大時，原本頻繁跟大腦其他部位聯繫的前額葉皮質，現在不跟依核互動了。這種不交流的情況會影響某些作業，只要是大腦需要處理新訊息，用它來更新舊的、已處理訊息的作業，都會受到影響。你也可以怪罪工作記憶沒盡責，而它也跟前額葉皮質有緊密關係，這說明了大腦的迴路是非常複雜的，往往是牽一髮而動全身。

那麼，這是不是意味著老人家不應該去制定決策呢？不是的。假如這個工作需要動用到很早以前學到的知識（用到晶體智慧的技術）的話，老人做得跟年輕人一樣的好。

我想轉移你的注意力到史蒂芬．史匹柏（Steven Spielberg）一九七七年的經典電影《第三類接觸》（*Close Encounters of the Third Kind*），來看看電影中的一個場景。

這個場景發生在航空管制中心，裡面迴盪著航管員沉著而清晰的聲音（聽起來真的非常像摩根．費里曼）。他是一個灰髮的航管員，坐在雷達螢幕前，處理緊張萬分的緊急事故。好幾個民航飛機的駕駛員向中心回報，有不明飛行物（unidentified flying object, UFO）從他們旁邊飛掠而過，他們很擔心會發生空中相撞。當情況越來越緊張時，好多人圍在這個灰髮的航管員背後，議論紛紛，使環境變得吵雜混亂。突然之間警鈴響了，表示碰撞即將發生，數百條人命危在旦夕。

你可能認為，這個灰髮的航管員會很憤怒同事們在這種緊急時刻還喋喋不休，或認為這至少會干擾他的注意力、使他緊張，但是他沒有，他鎮定得好像服了安眠酮（Quaalude，一種鎮定劑）。他很有權威的下達一連串的指令，讓大家安靜下來，危機也解除了。在這一幕結束之前，他問其中一架飛機的駕駛員：「環球五一七，你要回報看到不明飛行物嗎？」冷靜得好像在問駕駛員吃過早飯了沒有。那位駕駛員決定不回報。

這名了不起的專業航管人士怎麼能做出這一連串的立即決策？這種同時間要做出多種決策的技術，不正是老年的大腦所缺乏的嗎？為什麼他可以？然而這並不是好萊塢電影的魔術。

這位化險為夷的航管員可不是什麼沒經驗又乳臭未乾的小毛頭。他可以這麼鎮靜的處理危機，是因為他是有經驗的專業人員，有著強化的晶體認知能力在後面支持著他，這就難怪了。這份工作需要他的心智專注在大腦的健身房中一天八小時，每當他工作時，都是在鍛鍊大腦的某些特定部位。雖然從統計上來講，他的心智應該是要退化了，但是他個人的天賦比在場的任何一個人都好，這就是後天跟先天交互作用的結果。

大腦遊戲

你不需要整天坐在雷達螢幕前面活像個埃及人面獅身像，才能獲得認知經驗的益處，現在有很多實驗顯示，你在家就可以鍛鍊你的專注力。你還是需要一個螢幕，不過不需要機場，只需要一些電玩遊戲。

是的，你沒看錯，電玩遊戲——專門給老人家玩的電玩遊戲，尤其是那種大腦訓練遊戲（brain training program, BTP）。

幾年前，我絕對不會寫出上面那個句子，而且還有充分的理由。你有聽過一個叫 Lumos Labs 的公司嗎？他們以 Lumosity 的名稱研發出一系列訓練大腦的遊戲。很多年前，他們宣稱，假如你一天玩他們的大腦訓練遊戲幾分鐘，就能預防六十五歲以上老年人最害怕的認知疾病，包括記憶流失、失智症，甚至阿茲海默症。但是仔細檢查後，發現公司誇大效應，這些遊戲根本沒有這個效果，所以聯邦貿易委員會（Federal Trade Commission）緊咬住這間公司進行調查，罰它五千萬美元（後來降到二百萬美元），因為它以不實廣告誤導民眾。聯邦貿易委員會同時要 Lumos Labs 公司賠償他的客戶。這是大腦訓練遊戲「早該」面臨制裁的一個例子。另外一個宣稱可以減低注意力不足過動症（attention deficit hyperactivity disorder, ADHD）症狀的《叢林遊騎兵》（Jungle Rangers）遊戲，和宣稱可以治療嚴重認知失能的 Learning Rx 遊戲公司都被重罰。

宣稱可以訓練大腦的劣質研究仍然充斥著市場，就跟流行性感冒一樣，揮之不去，每年都來，但是也有研究顯示確實樂觀。不久後，雙方科學家都負起責任站出來（有不同的聲音在科學上總是好事，代表非常多人參與研究）。我們現在就討論這兩派的立場。在聯邦貿易委員會對

Lumos Labs 提出控訴之前一年，其中一派科學家（七十幾位科學家）簽署了一份請願書，宣稱大腦訓練遊戲是「胡說八道」。他們說：「我們反對大腦遊戲可以帶給顧客有科學證據的好處，來減低或翻轉認知功能的下降。他們的宣稱完全沒有可令人信服的大腦數據來支持。」

另一派的科學家（大約一百二十多人）由著名的神經學家莫僧尼克（Mike Merzenich）率領，反駁說：「沒有人宣稱大腦電玩遊戲可以把一個普通的張三變成莎士比亞或愛因斯坦，但是有很多的證據顯示電腦的認知訓練可以為某些人群帶來真正的益處，最顯著的就是它可以讓一個老人出車禍的機率減少一半。」

這些研究者指責對方沒弄清楚就急於提出異議。證據 A（Exhibit A）是許許多多的研究論文，它們顯示假如你把遊戲設計得很好，而且把評估的方式設計得更好，就是可以信任的。他們表示，許多論文都顯示大腦遊戲有認知效益。雖然他們大多數都同意聯邦貿易委員會的指控，但也辯稱只因為認知訓練這種新興科學尚未成熟就予以反對，這種態度也是不成熟的。

現在因為好的研究越來越多了，新的數據讓我們看到這個趨勢是正向的。這就是科學迷人的地方，真理越辯越明，共識緩慢成形，當中會經歷無數爭論和感情受傷，科學家們從自我膨脹到放下自尊反覆循環。科學的結果需要不同實驗室的成功複製，才能成立，這需要時間去成熟。

Lumos Labs 現在成熟了，它現在形容自己：「我們的責任是增加對人類認知的了解」，並且表示還有其他的研究正在進行。在下面，我會描述幾個經過同儕審訂還仍然存活的大腦訓練遊戲，它們無懼於外界的壓力，不屈不撓地殺出了血路。

速度魔鬼

我還記得我的電玩初體驗，就像有些人記得他的初戀一樣。這個遊戲叫做《乒》（*Pong*），是一款乒乓球電玩遊戲。當時那台機器被放在保齡球館內，嵌在一個黃色的架子上，看起來很像蝸牛凸出來的眼睛。《乒》是一個簡單的電子乒乓球賽，但是我卻馬上迷上了！我後來慢慢升級到比較複雜的電玩遊戲（我的第二個愛是《迷霧之島》〔*Myst*〕）。我告訴你這些，是讓你知道我是會打電玩的，所以說到電玩，我是有好感的。幸運的是，當談到大腦訓練遊戲時，我對它的支持背後還有實驗的證據支持。

直到今日，大腦的訓練還是跟《乒》一樣簡單，這是有科學理由的：越簡單代表越少不可控制的變數。你得到的發現比較清楚、容易解釋，得到的數據也比較乾淨。最好的測量就是研究者所謂的「遠程移轉」（far transfer）效應。許多設計不良的大腦訓練遊戲（其實是大多數的遊戲）都只增進你一種技能，就是「很會玩大腦訓練遊戲」而已，並不能移轉到其他的認知功能上。這種結果叫做「近程移轉」（near transfer），而且也出乎我們的意料之外。但是你真正需要的是滲透效應，要的是玩這個遊戲所得到的好處能轉移到另一個不相干的認知歷程上，比如說，改變你的處理速度或增進記憶，這就是遠程移轉的定義。

我很高興在這裡向你們報告，只要玩一些實驗室設計的簡單遊戲，就有強有力的認知遠程移轉效力，但是你必須依照研究者規定的方式去玩。我下面要介紹一個設計良好的研究，裡面運用了一個非常簡單的處理速度的遊戲：想像你在電腦螢幕前面，兩個影像突然一閃而過，一個在螢幕中央，另一個在螢幕旁邊。你需要回答：哪個東西在中央？哪個在旁邊？在螢幕的哪一邊？你回答得越好，遊戲變得越難，影像出現的時間會越來越短，目標旁邊開始出現干擾物。你的速度和正確率會被電腦全程記錄。

約翰霍普金斯大學（Johns Hopkins）和新英格蘭研究院（New England Research Institutes）的研究者對這個訓練的效果感興趣，不只是對處理速度有興趣，還對它對失智症的影響有興趣，目前可以想得到的效果移轉最遠也就是失智症了。研究者找了一群平均年齡七十四歲、認知健康的老人，來做這個「獨立有生命力老人的進階認知訓練」（Advanced Cognitive Training for Independent and Vital Elderly, ACTIVE）。這群老人被隨機分派為四組：第一組什麼都不做，是控制組；一組接受記憶的訓練；另一組接受推理能力的訓練；最後一組接受處理速度的訓練。他們接受五到六週、每次一個小時、一共十次的遊戲訓練。約一年和三年後，隨機抽樣把他們找回來再接受一些加強的訓練，然後等十年，等這些老人八十多歲了，來看他們有沒有失智的現象出現。

這個結果非常驚人，十年後，處理速度組的老人比其他組少了百分之四十八的失智機率，這機率太不可思議。一來，這些受試者整個接受訓練的時間加起來**不到一天**（總共十次，每次一個小時），然而這個效力卻在十年後還看得到，這就是我說的遠程移轉。另一個驚人的地方是，那些接受記憶訓練的老人，記憶並沒有變好，可以說是浪費時間。這也證明了那些正面的研究發現確實是有力的。

這個結果還是有複製、反覆實驗的需要，但是它已經很令人驚異了，而且這不是第一次研究者發現遠程移轉的效應。幾年前，美國梅約診所（Mayo Clinic，**譯註：這是美國非常有名的醫學中心**）的研究者曾去探索這個處理速度實驗的聽覺版。在這個研究裡，受試者不是看螢幕上出現的物體，而是區辨兩個連續出現的聲音。這聲音可以是不同的音高，或是兩個發音相似的單字，如

sip和slip。當老人家做對時，兩個聲音之間的間距就變得越來越短。他們一天做一個小時，一週五天，連續八週。

同樣強有力的遠程移轉效應出現了：處理速度的訓練使得記憶增強。這些接受訓練的老人家比沒有接受的控制組，在處理速度上快了兩倍。接著史密斯醫生（Glenn Smith）用「重複性神經心理狀態測試」（Repeatable Battery for the Assessment of Neuropsychological Status, RBANS）來測試這些老人的工作記憶，他說：「我們發現實驗組在這些技能上的進步明顯比較大，約是控制組的兩倍。」

另一個聽覺的遊戲叫做《找嗶嗶》（*Beep Seeker*），是加州大學舊金山分校（University of California, San Francisco）發展出來的，這個遊戲也可以增進工作記憶。你先記住一個目標聲音，然後你會聽到一連串的聲音，當你聽到目標聲音時，你就按下按鍵。這遊戲其實比我說的還要難，而且一旦你做得好，又會變得更難，你會聽到更多的干擾聲音，而且每個聲音聽起來都越來越像你的目標聲音。

當然，發明這個遊戲的研究者並不在乎你能不能聽得出哪個是目標音，他們有興趣的是你的專注力、注意力分散的情形和遠程移轉的效應。這種訓練可以增強那些看起來不相關的認知歷程，如在別的領域的注意力嗎？或許可以幫助工作記憶嗎？很高興這個答案都是肯定的。

在一個工作記憶的測驗中，這些受試者得到正的零點七五分（相當好），而沒有接受訓練的控制組得到負的零點二五分（很不好）。研究者也用動物來做同樣的實驗，結果動物也有遠程移轉的效應出現。

那麼你是不是應該開始去玩上述的那些遊戲呢？是的。史密斯醫生用的遊戲是Posit Science公司所發展出來的，你可以買的到。我相信其他的遊戲會陸續出來，你可以在我們的網站（www.brainrules.net）上面查閱參考書目，裡面有更詳細的資料。

從街機遊戲到前額葉皮質

在收集本章的資料時，我很高興又玩了一次我年輕時候很流行的街機遊戲：雅達利（Atari）推出的《夜行者》（*Night Driver*），這次我玩的是線上版（為了科學研究我們真的是不遺餘力啊）。這個遊戲過了這麼多年還是很熱門，主要是因為它很簡單。你眼睛盯著全黑的螢幕，手上操控著駕駛盤，很快一條公路就出現了，你的工作就是沿著迂迴曲折的道路左拐右彎。事實上畫面裡根本沒有公路，連公路的照片也沒有，只有會動的「路旁反光器」在螢幕的旁邊閃動著，這些小小的白色長方形讓你有一種夜間行駛高速公路的錯覺。你必須維持在兩邊的反光燈中間疾行，而且它們閃過的速度會越來越快。所以重點在哪裡呢？實驗室已經證實有一個類似《夜行者》的電腦遊戲可以減緩認知功能的下降。

根據《自然》科學期刊上面的報告，加州大學舊金山分校的研究者研發出一種遊戲叫做《神經賽車手》（*NeuroRacer*），它很像3D白天版的《夜行者》。受試者駕駛一輛虛擬實境的汽車穿過各種自然景觀，實驗者告訴他們要小心，因為有不同大小、形狀的各種符號會突然跳出來，干擾他們開車。他們可以射擊除去某些大小和形狀的障礙物，這可能連他們的孫子也愛玩。

在開始玩之前，這個研究的受試者先接受一系列的認知測驗，來測量他們的注意力狀況（如用作業轉換）和工作記憶好壞。他們頭上先戴了腦電波圖（electroencephalogram, EEG）專用的電極帽，測量大腦對外界刺激的反應。研究者集中在前額葉皮質的活動上。

這群平均年齡七十三歲的老人家開始玩電玩遊戲，開心地玩四個禮拜。頭上的電極帽一直戴著，實驗者監控大腦的活動。一個月後，他們再來做一次認知測驗，沒有接受訓練的二十歲年輕人是他們的控制組。

這結果令人震驚。

第一是看到了遠程移轉效應。大腦的活動改變了，尤其在前額葉皮質的地方，轉移到比較年輕的形態，好像前額葉皮質去心智健身房鍛鍊了一番似的，他們行為的前測和後測證實了這一點。玩《神經賽車手》的老人家在「干擾情況下的工作記憶」測驗分數進步了很多（電玩組是正一百分，而沒有打電玩的控制組是負一百分）。在「沒有干擾的工作記憶」測試上也得到同樣的情形，在注意力變項測驗（Test of Variables of Attention, TOVA）也是。

另一個發現是有關這個進步有多穩定，這才是重點。結果發現**六個月以後，這個進步的效應還看得到**。當這些老人家沒有再打電玩半年以後，他們測量的分數還是比二十歲的控制組高！研究者在《自然》期刊上說：「據我們所知，這些發現提供了第一手的證據，量身打造的電玩遊戲可以用來測量一個人一生的認知能力改變，評估內在的神經機制，對認知強化提供了強有力的工具。」

率領《神經賽車手》研發團隊的葛沙利（Adam Gazzaley）很熱情地說，他實驗室所創造出來的遊戲，可能會成為「世界上第一個要醫生開處方才買得到的電玩遊戲」。這真是太奇妙了，因為我們一直以來都知道注意力是隨著年齡的增加而下降的，但是在電玩的介入之下，大量的資料數據卻顯現它不一定會下降。我們真該感謝科技，把這訓練從你手上的電子按鈕進化到你頭皮上的電極，強化了你的大腦認知功能。

當然不是每一個人都很高興聽到這些實驗結果，也有很多的批評，從受試者人數的多寡（樣本群的大小）到跟真實世界的關係（這有幫助你記得是要到地下室拿果汁嗎？）都有。這些抱怨是合理的，只是尚不足以扼殺這個結果。科學本來就是越辯越明，我們需要更多的研究來確定它的效應。

你還記得在本書〈前言〉中，我們談到很多小河流匯集起來才形成亞馬遜這條泱泱大河。假如我們把亞馬遜想成我們大腦的注意力狀態，那麼使它成為大河的小支流就是我們已經談過的林林總總：多交朋友、減少壓力、廣泛學習新知。假如你問我，我認為電玩遊戲也可以算是一個很令人愉悅的小支流。我們在後面還會看到更多有益大腦的好方法。

總結

用電玩遊戲訓練你的大腦。

- 處理速度指的是大腦接收訊息、處理訊息，然後對外界刺激做出反應的速度。它會因年齡增長而變慢，它是預測認知能力下降最好的指標。
- 當你年老時，轉換作業會變得比較困難，所以年紀大之後，注意力比較容易受到干擾。
- 特別量身打造的電玩遊戲，如《神經賽車手》，被證實可以增進老年人「有干擾的工作記憶」和「沒有干擾的工作記憶」，注意力變項測驗更發現有玩電玩遊戲的老人贏過了沒有玩的二十歲年輕人。

Ch. 6

你的心智：阿茲海默症

大腦規則
在你問「我有沒有得阿茲海默症？」之前，先看看你有沒有十個症狀。

很快世界上只會有兩種人：一種是有阿茲海默症的人，另一種是認識的人當中有阿茲海默症的人。

～梅默特．奧茲（Dr. Mehmet Oz）

我們會是朋友直到我們老了、失智了，那時我們會是新朋友。

～無名氏

奧古斯特．狄特（Auguste Deter）明顯的焦躁不安。晚上的時候，她會拖著床單在她晚年居住的精神病院中走來走去，對空嘶吼幾個小時不歇。雖然她看起來很虛弱，但是她也會發狂打人，站在她旁邊很危險。她精神錯亂，情緒更是亂糟糟。

有一次會面時，醫生把兩人的對話記錄了下來：

「你叫什麼名字？」醫生問。

「奧古斯特。」她回答。

「你先生叫什麼名字？」

「我想是奧古斯特。」她猶疑了一下。

「你的先生？」醫生重複問一遍。

「啊，我的先生！」她重複句子，不知道句子的意思。

「你住在哪裡？」醫生繼續問，這個問題讓她吃驚。

「噢，你到過我們家！」她回答。

「你結婚了嗎？」

狄特猶疑了，她脫口而出喊說：「我大腦一片混亂，我搞不清了。」她感覺有點不對勁，一度說出：「你不要把我想得這麼壞。」

「你現在人在哪裡？」醫生繼續問。

「我們會住在這裡。」她答非所問，好像她聽到的是另外一個問題。

這裡事實上是德國法蘭克福（Frankfurt）的一家精神病療養院，狄特是這裡的精神病患，而這位與她會談的醫生不是普通的醫生，他是大名鼎鼎的阿茲海默醫生（Alois Alzheimer）。狄特是第一個被診斷出以他命名的疾病的患者，阿茲海默醫生仔細地記錄下她的行為。

狄特在一九〇六年過世，她的大腦被送去給阿茲海默醫生仔細檢驗，他發現病人大腦中布滿奇怪的神經纖維纖絲，還有更奇怪的斑塊，像肋眼牛排上的脂肪似的，這些細胞結構後來成為阿茲海默症最著名的特徵。這種損壞解釋了她的心智狀況，在當時，這種病症叫做前老化失智症（presenile dementia）。

這種疾病至今仍帶給大眾恐慌。「我有阿茲海默症嗎？」是任何一個老年人最焦慮、最常問的問題之一。你的大腦變成你自己的「蓋世太保」，每一次你說錯話，它就質問你；每一次你弄丟手機，它也要懷疑你；每一次你想不起熟人的名字時，它就焦慮無比。為什麼這個問題會使病人、醫生和研究者都發瘋呢？因為到現在為止，沒有一個清楚的答案。要區辨出正常的老化跟不正常的大腦病變是神經科學目前面對最大的挑戰，更糟的是，它已經變成每一個老年病人心中最大的恐懼。

本章就是專門來討論阿茲海默症，我們會告訴你目前已知的情形，說明如何去發現它，如何去區辨它和輕微認知障礙的區別，以及我們從一個很特別的修女研究上得到的知識。是的，修女。我先警告你，下面的內容是會令你沮喪的。此時此刻，醫學界還在定義如阿茲海默症等失智症到底是什麼。對大多數的研究者來說，研究進展相當緩慢是他們最不樂見的情形。

輕度認知障礙

從正常功能到疾病萌發的初期，往往有個灰色地帶，醫生用「輕度認知障礙」（mild cognitive impairment, MCI）來形容這個初期的灰色地帶。這種失能幾乎都是累進的，一開始很難察覺，然後急速惡化。也有可能不會發展到這個地步。到現在為止，在臨床上沒有任何一個測驗可以用來檢驗這種疾病，好讓醫生可以給病人忠告。這是因為輕度認知障礙有許多類型，我們也還在學習如何去區辨這些型態。有些人死亡時患有輕度認知障礙（請注意，我沒有說他們「死於」輕度認知障礙），研究者發現這些人的大腦血管有成千上萬個小洞會滲血出來，有點像小中風。其他有些人出現很像阿茲海默症的前期症狀，大腦中出現典型堆積的澱粉塊。更有看起來像是前期巴金森症、前期路易體失智症（Lewy body dementia）或前期沒病症（pre-nothing）的各種人（我們馬上會談到這些病）。更有人很明顯患有輕度認知障礙，但是他們的大腦在解剖時，看起來卻完全正常，沒有任何的跡象在內。

那麼我們該怎麼辨？目前的估計是六十五歲以上的老人中，有百分之十到二十的人已有輕度認知障礙，所以讓我們從這邊開始，逐步探討到阿茲海默症。在行為上，有哪些代表你的大腦已經從正常的老化轉向病態的老化了？大部分的醫院會提供一個行為的檢查表，讓民眾注意有沒有這些行為出現。其中梅約診所所列出的檢查表是最好的，他們把「該注意哪些行為」劃分成兩個常見的領域：

認知

你忘記車鑰匙放在哪裡，你忘記跟別人有約，你經常想不起來剛剛在想什麼，這些記憶的改變叫做「失憶性輕度認知障礙」（amnestic MCI）。你可能覺得越來越難去走熟悉的地帶，即使一個簡單的決定你也做不出來，你誤判完成一個工作的前後順序或所需時間，或者順序和時間通通誤判，這些改變我們叫做「非失憶性輕度認知障礙」（nonamnestic MCI）。

情緒

你的行為舉止越來越不符合社會的規範，你越來越急性子，越來越魯莽，判斷力越來越差。這些症狀可能會伴隨精神疾病一起出現，例如憂鬱症或焦慮症。

這些又跟我們前面討論的因年紀大而下降的功能有什麼差異呢？說實話，它們沒有差異。最主要的區辨其實來自梅約診所列出的一個項目：**你的朋友和家人開始注意到你有不對勁了**。他們發現你還是會做每天該做的事（這是我們診斷一個人是輕度認知障礙而非失智症的一個標準），但是有些地方做得很勉強、很辛苦。也許你可以把失能的情形隱藏一陣子，騙過親友的眼睛，但是一旦情況繼續惡化，紙是包不住火的。當除了你以外，別人也看得出你的認知障礙時，就要採取行動了。

那麼你該怎麼做？假如你或你所愛的人有這些症狀的話，第一步是去醫院或找家庭醫生，尋求醫療診斷。大部分的醫院會先叫你做心智評估，以及／或情緒評估，可能還會加上神經檢查，測試你的反射反應、平衡感及各種感官能力。幾乎所有的醫生都會要你改變生活型態，採取一般人預防中風的那種生活型態。

問題是也有人一直保持著上述的症狀，沒有惡化下去，這也是部分好消息。他們與輕度認知障礙共存，一樣快快樂樂地活得長長久久。他們只是變成英文小說中的那種大叔大嬸，老了、糊塗了，可是自給自足過一生。當然也有人罹患了輕度認知障礙一陣子，接著嚴重惡化，開始出現其他的症狀。當他們的生活開始無法自理時，就離開了輕度認知障礙的領域，進入失智症了。所以你可以把輕度認知障礙想成一個先知，它可以預測將有風暴來襲，而且可能不只一個。

羅賓．威廉斯

我從大學起就喜歡看羅賓．威廉斯的表演，每次都讓我笑破肚皮，甚至只要聽到他的聲音就會讓我發笑，我又想起他唱「你不曾有過像我這麼棒的朋友！」（You ain't never had a friend like me!，**編按：這句歌詞出自電影《阿拉丁》中的經典名曲〈朋友如我〉**〔Friend Like Me〕**，羅賓．威廉斯在片中為精靈配音，並演唱這首歌**）。我不是他唯一的粉絲，你會發現他只要一出現在談話節目中，聽眾就立刻進入戒備狀態，預期等一下會笑到肚子痛。威廉斯的喜劇心智總像顆核子彈般隨時要爆發。他雖然過世了很久，但是他的死亡對我來說，仍然像一個剛裂開的傷口，疼痛不已。

他在自殺前幾個月被診斷出巴金森症，但是死後解剖發現他還罹患了擴散性路易體失智症，輕度認知障礙有可能最後會演變成這種失智症。

最壞的當然就是阿茲海默症，大約百分之八十跟年齡有關的失智都屬於阿茲海默症。但是它不是唯一的失智症，我要介紹三種失智症，先從害羅賓．威廉斯送命的那種說起。

路易體失智症

羅賓．威廉斯得的這個病其實並非罕見，路易體失智症是美國第二大的失智症，大約佔所有失智症的百分之十五到三十五，依研究而不同。這個名字來自德國的科學家路易（Frederic Fritz Lewy），他是第一個注意到那些因「衰老」而死亡的人，大腦神經元上有黑色的小點。我們現在知道這些黑點是一種叫做「α-突觸核蛋白」（alpha-synuclein）的蛋白質不正常堆積所造成。它所引起的症狀有睡眠障礙、動作平衡困難、記憶喪失、視覺上的幻覺，以及像阿茲海默症的行為。我們不知道為什麼那些蛋白質的堆積會引起失智，我們也不知道如何去治療，我們甚至不知道人們為什麼會得到這種病。因為我們承認自己無知，只好把這種病的病因叫做「特發性」（idiopathic，又稱原發性、自發性），我想羅賓．威廉斯在地下聽到這個詞可能會崩潰。

巴金森症

第二種失智之所以有名，完全不是因為失智，巴金森症最惡名昭彰的是會讓人無法控制動作——手臂亂揮舞，腿不聽使喚。電影明星米高．福克斯（Michael J. Fox）就是一個有名的例子，拳王阿里、布道家葛培理（Billy Graham）也都是。第一個發現這個病的是十九世紀的一個英國醫生詹姆士．巴金森（James Parkinson），所以後來這個病就被稱為「巴金森症」。一開始時，巴金森醫生是把這個病稱為「震顫麻痺」（shaking palsy）。

震顫麻痺是個好名字，但是有一點不完整，雖然巴金森症是一種動作失調的病症，但是它發展到後期幾乎都會出現失智、認知障礙（如失去注意力聚焦的功能），或是產生情緒病變，如憂鬱症和焦慮症。巴金森症是因為大腦中某些區域的細胞開始死亡所造成，例如黑質（位於大腦中間下面）的地方。沒有人知道為什麼這些細胞會死亡，但可能跟前面說的 α- 突觸核蛋白有關。的確，巴金森症患者快要死亡的神經元旁邊都可發現路易體。

額顳葉失智症

第三種失智症發病得很早，額顳葉失智症（frontotemporal dementia）通常在六十歲左右較年輕的老人身上發生，也會在二十歲的年輕人身上出現。它的一個症狀是語言缺失，但是最大的症狀是人格改變。你會看到非常不恰當的行為出現，例如對陌生人大吼大叫、打人，還有吃東西狼吞虎嚥，沒有吃相，而且對他原來所愛的人表現出漠不關心。額顳葉失智症者也會有重複性的行為，如一直重複講同一個話題，一直割草割個不停，或是重複地走同一條路。它是一種神經退化，會造成額葉（額頭後方）及顳葉（雙耳旁邊）逐漸受損。沒有人知道為什麼會發生。

其他有血管性失智症（vascular dementia），它引起認知混亂的方式跟中風一樣，是因為少量血液從血管滲入大腦。還有亨丁頓舞蹈症（Huntington's disease），伍迪．蓋瑟瑞（Woody Guthrie，**編按：美國創作歌手**）得的就是這種失智症。另外還有一種會傳染的失智症，叫做庫賈氏病（Creutzfeldt-Jakob disease），是由一種病原性蛋白顆粒叫普里昂蛋白（prion）所引起的，幸好這是最罕見的一個失智症。

阿茲海默症可能是目前財力上和人力上耗費最多的疾病，我們下面就來詳細討論它。

阿茲海默症：總論

阿茲海默醫生在他的病人狄特身上確實有所發現，雖然各方一直在懷疑他當時的發現根本是錯的。這個現象其實很尋常，關於阿茲海默症的一切幾乎都曾經是爭論和揣測的焦點，甚至阿茲海默醫生最原始的發現在他死後也被人懷疑。幸好他有詳細記錄病歷的習慣，而且大腦組織的幻燈片都保留著，現代的科學家重新檢驗他的資料，確定他發現的就是阿茲海默症。

雖然阿茲海默症背後的科學還有爭議，它所引起的經濟耗費卻是非常真實的，不論從人力或財力上來看，阿茲海默症花掉地球上最大的成本。各種失智症在已發展國家中的死亡原因排名第五名，但是在花費上卻是第一名，那是因為病人在確診後還可以活很多年，而每一年的花費都很大（從診斷到死亡隔個十年是很常見的事）。單就美國來看，二〇一六年大約有五百四十萬人飽受阿茲海默症之苦，照顧他們的花費是兩千三百六十億。

假如學術界明確知道他們在研究什麼的話，這個數字也就勉強可以接受，但是事實並非如此。阿茲海默醫生的幻燈片很清楚顯示他的病人狄特大腦是受損的。但是後來的研究顯然又發現，與她有相同行為的人不一定有相同的大腦病變，更令人困擾的是，與她有相同大腦病變的人不一定有相同的行為。這個領域目前陷入了矛盾的泥沼，尤其在分子生物學的層次。

到現在為止，最主要的阿茲海默症病因理論是「類澱粉蛋白假說」(amyloid hypothesis)，我們馬上會談到它。但是不是每一個研究者都認為它足以完全解釋所有觀察到病理的原因，或甚至是部分的解釋。有些研究者（我就是其中的一個）認為它應該被稱為阿茲海默症候群（英文用複數的 diseases），因為它不只一種。一部分也因為這種定義上的模糊，導致沒有任何一個單一測驗可以確定的診斷出阿茲海默症。假如你擔心得了阿茲海默症而去看醫生，他會給你做所有失智症通用的測驗，逐一排除某些行為後，你的醫生才可能說：「你可能得了阿茲海默症。」醫生鐵定只能這樣說，原因非常重要：他們並不確定你是否罹患阿茲海默症。沒有人可以確定，甚至死後解剖都不能確定，我們馬上會講到原因。

然而，一旦症狀開始干擾你的日常生活，你一定要馬上去看醫生。去地下室拿東西卻忘記你要拿什麼是一回事，去到地下室卻不知道你人在哪裡又是另外一回事。

阿茲海默症：警訊

多年以來，臨床上已經發展出很好的檢查表，可協助你決定親友是罹患阿茲海默症或只是老化而已。其中最好的一個檢查表是阿茲海默症協會所發展出來的「阿茲海默症十大警訊」（10 Warning Signs of Alzheimer's Disease），我把它節錄在下面，這十個行為警訊可以分成記憶、執行功能、情緒和一般處理這幾大類。

記憶

不意外，頭四個警示行為都跟記憶有關。

1. 會干擾到日常生活的記憶流失

工作記憶本來就會隨著年齡而退化。當你的親友慣性的忘記重要的日子或約會，或過分依賴便利貼等方式來自我提醒時，就該看醫生了。同樣的，假如他一直問同樣的問題，要求你給同樣的資訊，你也該帶他去看醫生了。

這是頻率的問題，假如只是偶爾忘掉約會或別人的名字，那麼就不必擔心，只有一直發生才要擔心。

2. 對完成熟悉的作業感到困難

假如你的親友忘記如何去平衡支票本（**譯註：有支票本最大的麻煩就是每開一張支票出去，要把這個金額從存款中減掉，這樣才知道戶頭中有多少錢可以用。若是減得不正確，有時會出現存款不足被退票的窘事，所以收支平衡是管理支票本的重要事**），或是忘記去超市的路，或是忘記原本很愛下的棋該怎麼下，就需要擔心了。當阿茲海默症變得嚴重時，病人越來越難完成平常熟悉的舉動。因此，假如他忘記大富翁（Monopoly）是派克兄弟（Parker Brothers）發明的，這沒有關係；假如他忘記怎麼玩大富翁，這就有關係了。

3. 說話時或寫字時產生障礙

我們前面說過，基本核心的語言能力很少因年齡而衰退，所以假如你的親友開始在文字上栽跟斗，越來越不能和你聊天，因為聽不懂你在說什麼，或是說話說一半，突然停頓，因為他忘記前面在說什麼，無法繼續下去，你就要注意了。老人家找不到合適的字來描述很正常，但是找不到任何字就不正常。這個情況也會發生在書面溝通上。

4. 東西亂放到很奇怪的地方，而且回想不起來怎麼放的

阿茲海默症一個很特殊的症狀是無法將資訊再次排序，假如東西沒有放回原位，他們要再找時已經無法回想剛才的步驟。這是會造成問題的，因為初期的阿茲海默症患者常會把東西放到很奇怪的地方（例如把香水放到冷凍庫，把藥物放到肥皂碟中）。東西隨手亂放我們也會，但是把香奈兒放到不該放的地方就要擔心了。

執行功能

執行功能會依年齡而衰退，但是像下面這些會干擾生活的改變就不是正常。

5. 做計畫或解決問題有困難

假如你的親友越來越不能照計畫做事（如照著食譜做菜），或是沒辦法做計畫（如為一筆開銷保留預算），就是一個警訊。假如他越來越不能專心，變成要花很多時間去完成一件經常在做的事，如月底付帳單，這也是警訊。月底忘了繳第四台帳單是不需要擔心，但是全部的帳單都忘了繳則是另一回事。

6. 判斷力下降

執行功能包括做決策，這一點在阿茲海默症病人身上是異常的退化。從沒有辦法做財務上的決策到忘記刷牙，各方面都可以都看見這種缺陷。你常在這種病人身上看到其他衛生習慣的改變。如果你的親友偶爾忘記他的眼鏡放在哪裡，這很正常；但是假如他忘記穿褲子，那就不正常了。我們常會捐錢給需要的街友，但是假如他連退休金都捐給街友的話，那是不正常。

情緒的處理

下面兩個警示的行為是心情（mood）和情緒調控方面的改變。

7. 從工作或社交活動中退縮

阿茲海默症的一個早期症狀是從社交場合中退縮——退出過去很喜歡的、很熟悉的社交活動。我們在第一章中有談到，這種社交退縮會產生很強烈的負面認知效果，萬一又跟阿茲海默症有關，更是雪上加霜。通常一個人知道自己有毛病了，會因為不好意思告訴別人，也怕自己出糗，所以就找藉口不參加，退縮起來。

8. 心情和人格改變

另一個早期阿茲海默症的症狀是心情的改變。患有阿茲海默症的人會變得偏執、焦慮、恐懼，或者情緒越來越錯亂。對平常的生活起起伏伏，他們的反應會很不恰當，尤其在不熟悉的環境時。雖然老人家本來就會養成且依賴一成不變的日常生活習慣，但是假如習慣有所變動就大發脾氣，這就不對勁了。

一般的處理

最後兩個警訊是不那麼顯著跟記憶、執行功能或情緒調控有關的處理議題。

9. 對視覺影像和空間關係的了解有困難

一個器官用久了，總是會磨損，所以老年人的視力不是很好。但是阿茲海默症病人失去的不是視覺的能力而是視知覺（visual perception）。他們失去判斷距離的能力，失去分辨顏色或黑白對比的能力，不能研判兩個物體的空間關係。這些缺陷自然會影響開車的能力。

10. 分不清時間和地點

你最熟悉的可能是這一點，阿茲海默症的老年人失去追蹤時間的能力，分不清發生在現在還是以前，也搞不清自己在哪裡，這可以說是阿茲海默症的一大指標。他們越來越只注意在當下的情況，這可能跟他們計畫能力的衰退有關係。他們內建的GPS定位系統開始退化，他們漫無目的地走來走去，心裡感到迷惑而害怕，不知不覺走到一個地方之後感到憤怒，這在阿茲海默症的後期會造成很大的困擾。我們偶爾會忘掉今天是星期幾，或是在住家附近散步時，一時失去方向感，不知身在何處；但是假如你半夜在社區遊蕩，不知自己怎麼跑到這裡來，對空高聲喊叫，這就不正常了。

對有阿茲海默症親人或摯友的讀者，阿茲海默症協會的網站（www.alz.org）可以提供你很多有用的訊息。

從總統習得的教訓

雷根前總統寫的兩封信一直儲存在我腦海的深處。第一封是寫給我的母親多莉絲．麥迪納（Doris Medina）。她在一九四〇年代末期曾是好萊塢短暫崛起的新星，她很聰明地加入了美國演員公會（Screen Actors Guild, SAG），那時的主席是擔任演員的雷根，而她很快收到了雷根的回信。這封信寫得很溫文有禮，一點都沒有官腔，他歡迎她來到南加州，並且加入美國演員公會。他親自簽名，還有他當時的太太珍．惠曼（Jane Wyman，譯註：珍．惠曼一九四八年以《心聲淚影》

〔*Johnny Belinda*〕**拿到奧斯卡最佳女主角，在五〇年代我們少數被允許看的電影《鹿苑長春》**〔*The Yearling*〕**中扮演媽媽**）的簽名，以及他女兒莫琳（Maureen）的塗鴉。

第二封信寫於一九九四年，並不是寫給我母親而是寫給全世界看的。在信中，他告訴世人自己將死於哪一種病。

「我最近被告知，我是幾百萬得到阿茲海默症的美國人之一……很不幸的是，當這個病逐漸惡化時，家人往往要承受沉重的負擔，我真希望我有什麼方法可以讓南西免於經歷這種痛苦。當時候來臨，我相信在各位的幫助之下，她會以信心和勇氣來面對這一切……

我現在開始走向我生命的黃昏之旅。」

我跟雷根有很多政治上的歧見，就如同我跟大部分的政治人物一樣，但是在這麼一個人性化卻又不堪的時刻，沒有人會去跟他爭吵。這時的他只是一位偉大又脆弱的老人，正在跟最殘忍的死亡方式搏鬥，這使我泫然欲泣。

雷根無法再活十年，因為這個病發病後平均只能再活四到八年，這是為什麼阿茲海默症被稱為「漫長的告別」（long goodbye）。它也不是一般的老化。七十歲得到阿茲海默症的人，大約有百分之六十會在八十歲以前死亡，而沒有阿茲海默症的人，只有百分之三十會在八十歲以前死亡，所以阿茲海默症者死亡的機率是別人的兩倍。它在美國不分年齡的死亡原因裡面排名第六。

每六十六秒就有一個人得到阿茲海默症，但是這句話有誤導之嫌，原因頗叫人意外。因為現在有很強的證據，這個病其實早在症狀出現的十到十五年前就開始了，只是那些症狀還沒有顯現出來而已。有的研究甚至把症狀延後出現定在二十五年。這表示當你忘記如何開車到大賣場時，你已經跟阿茲海默症共同生活了十年以上了。所以我們應該說每一分鐘就有一個人發現他得了阿茲海默症。目前的統計數字是六十五歲以上的美國人中，每十個人中就有一個人是阿茲海默症，即有五百萬以上的美國人受到這個病的侵害。到了二〇五〇年，當嬰兒潮世代老去之時，這個數字預期將成為三倍。

這個疾病透過三個階段，逐漸毀滅一個人的生命：第一是初期輕微階段（患者開始漫無目的地遊蕩，人格開始改變）；第二是中期（記憶更加流失，思想混亂，對別人的依賴加深）；最後是嚴重期（崩潰，完全依賴別人才能生活）。但是這些類別很有彈性，因為阿茲海默症是非常個別化的失智症。整個歷程必然是由初期逐漸惡化到死亡，誰也逃不掉，但是每個人的過程不一樣。是的，這個結局是必然而且逃不掉的。阿茲海默症協會在它出版的小冊子中說：「阿茲海默症是十大死亡原因中，唯一不可預防、不能治療，也無法減緩的疾病。」

但是這並沒有嚇阻研究者繼續尋找治療的方法。研究進展得很緩慢，一直徒勞無功、充滿爭議，但是有人研究就會有進步。我們下面來談這個進展，從基因方面的研究開始。這個疾病已經花掉了幾十億美金的經費，但是可能要再花幾十億才能得到一些結果。目前在DNA的研究上有一些成果，有一些失智症顯示出基因上的關係（假如你是女性，身上帶有一種基因變異叫做ApoE4基因的話，就需要小心）。但是根據耶魯大學（Yale）研究者馬契西（Vince Marchesi）的研究，這些遺傳性的基因只佔所有已知阿茲海默症患者的百分之五而已。我們不知道其他百分之九十五的病例是由什麼原因所造成。

有人認為阿茲海默症其實是一群疾病的統稱，也有人完全不贊成這個說法，指出堆積如山的「類澱粉蛋白假說」的研究作為證據。我們現在就來談一下這個「類澱粉蛋白假說」是什麼，從一九八〇年代紐約曼哈頓的黑社會尋仇事件講起。

類澱粉蛋白假說

這是一場一九八五年的黑幫血腥暗殺。美國黑社會甘比諾家族（Gambino family）的首領卡斯特蘭諾（Paul Castellano）於光天化日之下在曼哈頓被人槍殺，時值交通尖峰時刻，他才步出座車即遭殺害。當然背後必有藏鏡人，我們都知道他們通常不會自己來做這種骯髒的工作。卡斯特蘭諾的暗殺有一點不一樣的地方是，買兇殺人的幕後主使者高蒂（John Gotti）就坐在對街的汽車裡，目睹暗殺的過程。

黑社會頭子和槍手之間的關係，跟類澱粉蛋白假說有直接關聯。在這裡，我們用黑幫來代表兩組蛋白質：一組下令殺死老化神經元，另一組負責執行。要了解這是怎麼回事，我們必須先了解細胞怎麼製造蛋白質。

如你所知，神經細胞體中有細胞核，它是小小的圓球，負有命令和控制的功能。它之所以負有這些責任，是因為這充滿鹽水的圓球中含有細細長長的DNA分子。這個螺旋狀的DNA小巨人施展威力的方法之一，就是下達指令製造蛋白質，蛋白質對於人的生命來說就像呼吸一樣重要。然而製造蛋白質需要先解決一個問題，由於DNA緊緊鎖在細胞核中，但是製造蛋白質的地方卻被永久隔離在細胞核之外，被迫只能進駐在細胞體（即細胞質）中。不能動的DNA只好製造小小的、可以攜帶的指令，叫RNA（核糖核酸）這個信使幫忙傳遞。RNA可以自由進出細胞核到細胞質中。一旦RNA進到細胞質後，分子機制就可以讀取RNA所攜帶的訊息，去命令製造蛋白質的機制開始製造蛋白質。新的蛋白質就開始產出，一開始的分子形式很大，通常很笨拙也無用，必須經過編輯的處理，把不需要的部分修剪掉，重要的部分重新安排，小的分子加上去，使這個蛋白質可以有作用。這個歷程叫做「後轉譯修飾」（post-translational modification），這一點對類澱粉蛋白假說非常重要。

若在顯微鏡底下檢視死於阿茲海默症病人的大腦，你會看到大腦像被黑社會分子掃射過一樣千瘡百孔。你看到死亡神經細胞的碎屑，原本健康的組織現在充滿一個一個的洞，還出現奇怪的類澱粉蛋白團塊，堆積在殘活的細胞外面，這些稱為斑塊（plaque），長得很像有絨毛的肉丸子。

類澱粉蛋白本來應該要經過後轉譯修飾的，但是在阿茲海默症病人身上，這個修飾的機制出了問題，原因可能來自基因緣故。後轉譯修飾功能異常會製造出一堆黏黏的碎片，叫做「β類澱粉蛋白」（amyloid beta / A-beta, Aβ），堆積成有毒的硬塊，甚至會產生毒性更強的可溶性半塊狀物。這就好像形成了一個憤怒的黑手黨教父，它旋即下令殺死神經元，雖然有些大老會自己出手（突觸是它們最喜歡的目標），大部分的時候，它們把這個骯髒的工作交給另一個蛋白質去做，你可以想像那個蛋白質就是所謂的「槍手」。

這些喜歡扣板機的殺手就是那些神經纖維纏結（tangle），它們出現在活的神經元中，看起來像一群糾纏在一起的毒蛇。這些神經纖維纏結是由一種叫「陶」（tau）的蛋白質所組成，它們在正常的時候是很常見而且很有用的，但是不知道什麼原因，類澱粉蛋白這個黑手黨教父下令神經元去製造修飾過的、纖維狀的有毒陶蛋白，而會毀壞神經元內部、殺死神經細胞的是這一種「陶蛋白」。細胞死亡後，它們從細胞中跑出來，遊離在細胞間的空間中，在那裡，它們可以自由殺死其他的神經細胞。它們闢出一條毀滅之道，從摧毀突觸到摧毀神經元，在大腦中留下血淋淋的滿目瘡痍。在阿茲海默症的後期，病人的大腦像是一個乾掉的海棉，到處是洞。

至少有些人是這樣想的。

這個類澱粉蛋白假說令很多人不解，疑點很多，主要原因是有人大腦中充滿了澱粉斑塊和陶蛋白纏結，但是卻沒有發病。有些人病得很厲害，大腦中卻沒有斑塊和纏結。

誰是第一個出現這種現象的人呢？修女。

修女研究

「我只有在晚上才退休！」瑪莉修女驕傲的對她的同事說，桀敖不馴得像個青春期的少女，而她是說真的。她到八十多歲仍然充滿了活力，別小看她那四呎半、九十磅的小身軀。瑪莉修女教當地的初中教了幾乎七十年，即使她退休了，身邊仍然圍繞著年輕的修女，是她們修道院最強有力的發電機，直到她一百零一歲過世為止。瑪莉修女是有名的修女研究（Nun Study）中的一員，她不只將她的自傳奉獻給科學做研究，死後也將大腦捐出以供解剖。

修女研究最早是史諾頓（David Snowdon）醫生設計的，他專門在阿茲海默症病人死後研究他們的大腦。他遭遇的問題跟其他很多的研究者一樣，就是如何找到願意在死後捐贈大腦的健康老人，用他們的大腦來跟阿茲海默症病人的大腦做比較（也就是控制組）。這些人必須是沒有酗酒、沒有吸毒，有著非常乾淨、健康的生活型態的人才行（因為酒精和毒品會改變大腦）。

沒想到解決方法就在他南邊幾哩路的地方。那邊有個天主教的修道院，正巧就在他工作的明尼蘇達大學（University of Minnesota）附近，他有了一個想法：那些聖母學校修女會（School Sisters of Notre Dame）的修女們會不會願意參加一個長期的研究計畫呢？她們許多人都上了年紀，有些已經出現阿茲海默症的症狀了，是最理想的研究受試者，而且她們的生活都有詳細的記錄，多數都不抽菸、喝酒或吸毒。史諾頓只要在她們活的時候測量她們的行為，死的時候請她們把大腦捐給他解剖，就可以非常詳盡地研究神經結構跟阿茲海默症的關係了。

修女們的回應相當熱烈（畢竟她們屬於教育性的修女會），將近六百八十位修女答應參加計畫，她們年齡都在七十五歲以上，就在一九八六年，阿茲海默症領域最珍貴的研究計畫誕生，這就是有名的修女研究。在美國國家老年研究院的經費支持下，研究者去到修道院，開始了往後幾十年的巨大工程。他們測量這些修女的認知功能、生理狀況還有體力。當一位修女過世時，她的大腦便被送到史諾頓在明尼蘇達大學的實驗室去解剖。

接下來便輪到瑪莉修女了。瑪莉修女是史諾頓心目中最成功的認知老化者，足以為人表率，所以你會預期她的大腦應該是合理磨損、但極健康的（畢竟她用了一百零一年，這個大腦合理磨損是應該的），你甚至會猜她的大腦應該看起來要比她的實際年齡年輕很多。然而史諾頓發現事實並非如此，想不到瑪莉修女的大腦是一團混亂，充滿了類澱粉斑塊及陶蛋白纏結，細胞的病理狀態看起來就是一個阿茲海默症的大腦，完全不是什麼成功的表率。她在這種情況下仍然沒有認知缺失，簡直就是一個奇蹟。

瑪莉修女並不是唯一的奇蹟，研究者現在知道在沒有失智現象的人口裡面，有百分之三十的人大腦卻跟阿茲海默症很像，塞滿了分子碎片。而罹患阿茲海默症的患者當中，大約有百分之二十五的人大腦中沒有類澱粉的堆積。這個統計數字是類澱粉蛋白假說無法解釋的地方。

製藥廠想針對類澱粉蛋白去找出治療阿茲海默症的藥，有一種藥叫做 solanezumab 特別引人注意，它可以和大腦中浮游的致命 β 類澱粉蛋白結合，使它可以從大腦中去除。這個想法是假如可以減低大腦組織深處 β 類澱粉蛋白的濃度，就可以減少傷害。

禮來製藥公司（Eli Lilly）花了大約十億美金才發現這個想法是錯的，solanezumab 連輕度阿茲海默症患者的症狀都不能減低，禮來藥廠在二〇一六年的十一月放棄了這個計畫。有一篇研究論文竟然敢在標題上寫道：「當沒有類澱粉蛋白時，就沒有阿茲海默症。」（When There's No Amyloid, It's Not Alzheimer's.）現在有一個批評者大聲宣告：「類澱粉蛋白假說已死。」

我是認為替這個想法寫下分子生物學的墓誌銘是太早了一點，即使是最堅持的批評者都相信類澱粉蛋白在阿茲海默症上扮演著某種角色。不過，假如類澱粉斑塊和神經纖維纏結不能決定全部，那什麼才能？研究者有問對問題嗎？（**譯註：在科學上有一句很有名的話：「當你問對問題時，這個問題就解決了一半。」**）**有些研究者認為他們沒有**。

這些指控越演越烈，有一部分是因為合併症（comorbidity）的關係。研究者很早就知道，許多死於阿茲海默症的人其實大腦中還有別的病變，例如類澱粉的堆積通常會跟路易體一起（合併）出現。你應該還記得路易體是那些充斥在羅賓．威廉斯大腦中的黑色小圓點，這些討厭的黑點其實是α-突觸核蛋白，它們跟β類澱粉蛋白的關係其實不簡單。被診斷出阿茲海默症的病人，有超過半數可以在大腦中觀察到這種混合病理症狀。有沒有可能類澱粉蛋白假說應該換個名字，叫類澱粉蛋白和α-突觸核蛋白假說（amyloid-and-α-synuclein hypothesis）？

另一個理論比較與小黑點無關，和膝蓋擦傷的共通點比較大。有些研究者認為β類澱粉蛋白並不是引發阿茲海默症的原因，而是因為大腦發炎才導致患病，這個理論就叫神經發炎（neuroinflammation）理論。的確，大腦常常是先發炎才形成β類澱粉蛋白。這個理論認為主要罪魁是細胞因子，也就是那些引發大腦甚至身體發炎的分子。這些小小的刺激物過度刺激大腦的免疫系統，產生損害的反應，這就導致阿茲海默症經常出現的神經退化（突觸是特別受害的目標）。

這些想法雖然都很有說服力，但都好像在黑暗中放槍一樣只是瞎猜，這就是目前阿茲海默症的狀況。在這個階段，我們不知道如何去治療它，我們也不知道如何去延緩它的惡化，我們甚至不知道它是什麼。我一開始說過了，這一章讀起來可能會有點沉重。不過修女的研究提供了一個有潛在希望的研究方向，你不需要藥物，也不需要基因，你只需要寫自傳，我把這個驚人的結果留到最後作為壓軸戲。

在二十歲時預測將來會不會得阿茲海默症

修道院要求入教會的修女要寫一篇自傳，這些修女那時大約二十多歲，她們的自傳被存檔保留起來，這給了史諾頓一個靈感。當這些修女在六十年後死亡時，他把這些修女的自傳送去做神經語言學的檢驗。因為他現在已經知道誰有失智（以及類澱粉蛋白）、誰沒有，這使他可以問一個非常有趣的問題：你可以從她們二十幾歲時所寫的自傳中，預測她們到八十幾歲時會不會得阿茲海默症嗎？這當然是指相關而不是因果，所以我前面才會用有「潛在」希望這樣的說法，而這個研究也得到了成果。

專家們把這些自傳依語言的密度（linguistic density）——屬於一種複雜性的測量——以及每個句子中含有多少個想法（idea）進行分析。自傳沒有達到神經語言學標準——語言能力上得分很低——的修女中，百分之八十後來得了阿茲海默症。得分高的修女們只有百分之十得病。而每個句子中有多少想法的密度（idea density）特別有預測力。

這個研究是什麼意思呢？目前來講，什麼都沒有。除了跟阿茲海默症有關的大腦傷害比我們想像的更早開始以外，另一個發現是當失智症狀出現時，要治療已經太晚。或許花了幾十億經費做出來的 solanezumab 真的有用，類澱粉蛋白假說也有部分得以證實，只是這些病人已經病入膏肓了，來不及救了。

這些想法指出了未來阿茲海默症研究的方向，但是興奮之餘，對它的成果仍要小心驗收。研究者最近找到一個分子可以跟類澱粉蛋白斑塊結合，叫做匹茲堡複合B（Pittsburgh Compound B, PiB），但是它並不像 solanezumab 想去除澱粉塊，而是使澱粉塊在正子斷層掃描（positron emission tomography, PET）中顯現出來。因為匹茲堡複合B是有放射性的，科學家現在可以即時看到一個人的大腦中有多少堆積的澱粉塊。這是很珍貴的知識，醫生不必等病人死亡做大腦切片，就能知道這個人是否可能罹患阿茲海默症。

匹茲堡複合B是很有價值的研究工具，因為任何年齡的人都可以接受掃描，使研究者可以長期追蹤，在失智發生的前幾十年就能決定誰有堆積的澱粉塊。這個資訊對類澱粉蛋白假說的爭議當然非常有利，它同時也可幫助製藥廠去研發治療的藥物。現在有一個結合研究和製藥的專案正在進行，叫做「啟動防止阿茲海默症專案」（Alzheimer's Prevention Initiative，又稱阿茲海默症預防計畫），就是用到上面說的一些想法。如同這個名字所暗示的，它非常大膽地企圖要預防阿茲海默症，該計畫動用到哥倫比亞安蒂奧基亞省（Antioquia）一個大家族共約三百名成員。

南美洲的這個小鎮上，許多人口都帶有最致命的阿茲海默症突變基因——早老基因1（presenilin 1, PSEN1，又稱早老素1），這個基因產物會造成我們前面提到的類澱粉蛋白的異常修飾。這個突變特別的惡毒，第一，假如你有這個基因，你百分之一百會得到阿茲海默症。第二，你所得到的阿茲海默症是一種罕見的早發性阿茲海默症，大概在四十多歲就會發病。如同大多數的阿茲海默症，這種類型還是會拖個五年才死亡，只不過它是發生在你正值巔峰的生命盛年。這個小鎮是全世界這種阿茲海默症最多、最密集的地方。

研究者採取下面三個步驟：

一、篩檢

他們把小鎮裡三十多歲年輕、還沒有症狀的居民送到亞利桑那州（Arizona）的實驗室去。有些人帶有這個基因，有些人沒有。這個實驗室用匹茲堡複合B和正子斷層掃瞄去檢查每一個人的大腦，那些帶有這個基因的人，他們大腦中已經開始累積澱粉塊了。

二、治療

有些成員接受一種跟 solanezumab 類似的抗體藥物，叫做 crenezumab，有些則沒有。這叫「雙盲實驗設計」（double-blind study），除了實驗者，沒有人知道誰是吃藥、誰是吃糖片，這是行為研究上的一個準則。

三、等待

這樣給藥夠不夠早，可以打敗失智症嗎？這要等很多年以後才會知道。（這個研究有個附屬實驗類似修女研究，實驗者也請哥倫比亞這個家族的成員寫自傳，然後進行神經語言學的評估。果然那些有致命突變基因的人，在這項分析上的得分顯著較低。）即使阿茲海默症預防計畫成功，它也不可能預防所有的失智症，甚至不可能預防所有類型的阿茲海默症。而對正處於輕度失智的病人來說，它也是沒有效的。但是這個專案有一點正向的地方，而且這一點很重要，就是這種研究是老人科學黑暗角落中最亮的一盞明燈。

很幸運的是，對那些永遠不會得到阿茲海默症的人來說，老化的大腦還有其他光明的地方可以去探索，還有些真正值得慶祝的原因。

下面我們就要一邊開香檳，一邊來談可以有效延緩老化歷程的行為。雖然目前還不可能停止老化的前進，但是比起過去任何世代，我們有很多的方法可以使老化的經驗較為舒適。有些情況下，我們甚至可以逆轉一些老化的效應。

總結

在你問「我有沒有得阿茲海默症？」之前，先看看你有沒有十個症狀。

- 神經科學家很難區辨出典型的、正常的老化行為跟病變的不正常行為。你偶爾有遺忘或其他的行為不代表你已經生病了。

- 輕度認知障礙（MCI）是臨床醫生用來描述大腦開始病變的名詞，輕度認知障礙並不代表老人家一定會走向失智症、巴金森症或阿茲海默症，許多有輕度認知障礙的老人一樣活得長久又快樂。
- 失智症是一個統稱，代表心智功能喪失的各種症狀，它有許多跟年齡有關的亞型。
- 六十五歲以上的美國老人中，十個有一個是阿茲海默症患者，它是目前世界上治療花費最高的一個疾病。被診斷出這個疾病後，一般人有四到八年的時光可活。

Part 3

身體和大腦

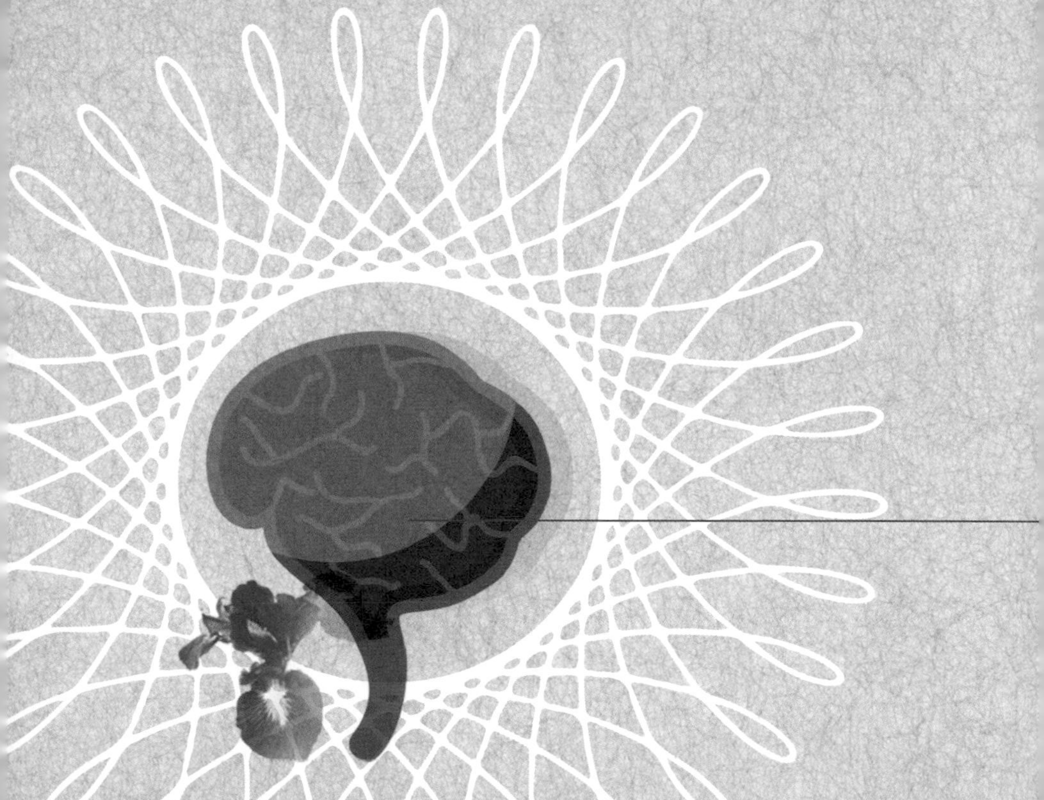

Ch. 7

你的飲食和運動

大腦規則
注意你的飲食，起來動一動。

那些認為他們沒有時間運動的人，遲早得騰出時間來生病。

～愛德華・史丹利（Edward Stanley），
第十五代德比伯爵（15th Earl of Derby），一八七三年

假如你認為蔬菜跟培根聞起來一樣香，你的預期生命就會大幅延伸。

～道格・拉森（Doug Larson），報紙專欄作家

八十七歲的瑞斯（Patty Gill Ris）在紐約海德公園（Hyde Park）的老人中心吃她最喜歡的午餐時，突然被一塊肉噎到，堵住了氣管，非常危急。和她一起吃飯的友人一看到，馬上像捕鼠器捕到老鼠一樣，立刻跳起來行動。他把瑞斯轉過去，把手插入她胳肢窩下面，握拳在她肋骨下、肚臍上的地方，重擊三次。他做的正是經典的哈姆立克急救法（Heimlich maneuver），一擊之下，肉塊飛出來了，但還沒全部，再兩次重擊，所有的肉都出來了。

救了瑞斯一命的老人幾歲呢？九十六歲。他是誰呢？他就是有名的胸腔外科醫生哈姆立克（Henry Heimlich）本尊，是的，沒錯，就是那個哈姆立克醫生。

我為什麼要在談老化、運動和食物的章節中，把哈姆立克這件事搬出來講呢？我不是要說瑞斯午餐吃了什麼，而是要指出為什麼哈姆立克醫生可以救她的命。在任何年齡實施哈姆立克急救法都需要力氣，更不要說九十六歲的老人——還做了三次——簡直是科幻小說才有的情節。海德公園的餐廳領班嘉納士（Perry Gaines）說：「以他的年齡來說，那是一個非常吃力的工作，看他做得輕而易舉，真是令人驚異。」哈姆立克醫生在這個老人中心已經住了六年，另一個裡面的員工說：「以他這個年齡來說，他算是非常活躍，會固定去游泳和運動。」

哈姆立克醫生的健康狀況的確非常好，假如你看到他的專訪影片的話，你會同意我的說法，他看起來就像老一點的詹姆士．泰勒（James Taylor），但是這不是唯一會吸引你目光的地方。他的臉頰發光，眼睛射出柔和的專注力，他的心智跟他的身體一樣的有活力。他講話從容不迫、觀察力敏銳，神態流露出果斷的性格。你可以了解他為什麼能成功的投注一生到緊張的外科手術中，你也可以理解在大多數人已經死亡的年齡，為什麼他還能救人一命。雖然在他救瑞斯時，已經退休很多年了，但是他的心智依然敏銳。他在二〇一六年過世。

上述的兩個重點——心智的注意力和身體的運動——會像瑞斯那塊牛肉布滿油花一般，貫串於本章之中。請各位包涵，因為我們一開始必須先陳述一個難以下嚥的事實：心智的注意力會隨著年齡增長而下降。但是我們不會在這上面著墨太久，因為有很多方法可以提升大腦的功能，一部分跟運動有關，一部分跟飲食有關。我們剛才提到的九十六歲醫生，曾有無數人的壽命因他而得以延續，而他的生活型態也讓我們看到了運動和飲食的良好典範。

沉著冷靜，泰然自若

我們會像喀爾文教會的宣道一樣，從最困難的地方開始。我們會花大部分的篇幅來談心智注意的一個類別：執行功能，這是大腦中的一系列複雜行為。我在這本書中已經提過它很多次了，每一次，我都說後面會詳細討論它，那個後面就是現在，我就從我所看過最貼切的一個例子開始說起。

我很清楚的記得賓拉登（Osama bin Laden）被殺的那一天。並不是因為我在看新聞，而是因為當時我在看二〇一一年白宮記者晚宴的摘錄片段，那是賓拉登被殺的前一天。歐巴馬總統（Obama）在台上講笑話，他看起來一派輕鬆，面帶微笑，表面上看似愜意。他說川普（Donald Trump）終於不再談他的出生證明了，還說沒有人會比未來的第四十五任美國總統更高興，因為終於可以把時間和精力放到重要的議題上了，比如說，登陸月球是不是假的呀，羅斯威爾（Roswell）究竟發生了什麼事（**譯註：一九四七年，美國新墨西哥州的羅斯威爾市發生不明飛行物體墜毀事件**），以及大個（Biggie）和圖帕克（Tupac）究竟在哪裡（**譯註：《Biggie & Tupac》是二〇〇二年的記錄片，描述這兩個人被殺的事件**）。

沒有人會猜到在這前一天，歐巴馬總統下令美國陸軍特種部隊執行海神之矛（Operation Neptune Spear）的計畫，暗殺賓拉登。這個行動發生在星期日的早晨，即星期六白宮晚宴之後，但是晚宴上竟沒透露任何先兆，我完全沒有感受到總統臉上有大事件要發生的那種「前一晚」的緊張。他沒有分心凝視遠方，沒有魂不守舍，沒有冒冷汗，即使在主持人梅爾（Seth Meyers）拿賓拉登來開玩笑時，歐巴馬一樣咧嘴大笑，神色自若。然而他就要去殺一個美國軍方傾全力找了將近十年的人，而他看起來好像在看電視喜劇一樣。

各位，簡而言之，這就是執行功能。

大致來說，執行功能就是能讓你把事情完成的行為，而且在做的時候冷靜、有涵養。它在我們生活的許多層面都非常重要，包括經營一個自由世界。

執行功能是由許多不同的認知歷程組合而成的。所有的科學家對於哪一些神經元面積屬於執行功能，意見是一致的，他們都同意執行功能可以分為兩個部分：情緒調控和認知控制。

情緒調控包括衝動控制，這個和延宕滿足（delay gratification）的能力有關，你在運動酒吧裡面，可能想吃那個會堵住你心臟血管的漢堡，但是選了健康的沙拉。情緒調控也包括情緒控制：以符合社交禮儀的方式調整情緒的能力（如不在葬禮上嬉笑）。這兩個調控部件常常是攜手合作的。當你的上司給你考績打丙等時，你會想去揍他，但是適當的情緒調控，加上你可能會吃官司，使你沒有這樣做。

認知控制是理智的順暢流動，它的特點包括了：第一，有計劃事情的能力（如能朝著目標一步一步的達成），對一直改變的環境能有足夠彈性去適應，能把雜亂無章的輸入整理成有意義、有條理、可以處理的指示。第二，能夠將注意力從一個作業轉移到另一個作業，能避開外力的干擾、決定輸入資訊的優先順序。第三個重要部件就是工作記憶，這是我們暫時儲存資訊的功能，以前叫做短期記憶。（還記得嗎？我們在〈你的記憶〉一章提到過皮克斯動畫裡多莉的故事。）

因為執行功能對人類的認知非常重要，你可能會預期科學家花很多的時間去尋找它背後的神經生物學上的機制，的確如此。其中一個最清楚的發現是，執行功能在發展上是有規律的：你可以看到它會隨著年齡產生特定的改變。青少年沒有什麼執行功能，或是說，他們有，但他們忽視他們的執行功能。

你還記得你青少年的時候嗎？或是你的小孩進入青春期的時候嗎？那你一定懂網路上這種發文的怒點：

青少年：「厭煩了被你愚蠢的父母嘮叨嗎？現在就行動！搬出去，找個工作，付你自己的帳單……趁你還有一些知識的時候。」

當然青少年對他們所做的蠢事有不同的解釋，網路上有這樣一個宣言：「我們是青少年，我們還在學習。……我們作弊，我們說謊，我們批評；我們為愚蠢的事打架，我們墜入愛河，卻被傷害；我們開派對狂歡到天亮，我們喝酒喝到不省人事……有一天，這些都將過去。你可以把時間浪費在不好的事情上，但是有一天，你會希望你還是一個青少年。所以盡情享受你現在所擁有的，忘記那些戲劇化的事情，臉上掛著性感的微笑過你的日子。」

上面那一段話中的每一件事都跟執行功能有關：計畫、決策制定、遊走於不同的社交關係中、保存人格的某些層面、維持你的自我控制。

大腦中負責這些行為的地方是前額葉皮質，我們在第三章中討論過這些重要的神經束。幾乎所有層面的執行功能都與前額葉皮質有關，並不是因為它獨自座落在額頭後方，一副聰明樣，它能調節執行功能是因為它與大腦的其他部位都有著緊密的連接，能透過複雜的神經網絡與各部位聯繫。

如你所知，大腦各個區塊之間仰賴龐大的神經系統互相聯繫。這些神經連接就像州際公路，連接一個城市到另一個城市。前額葉皮質有點像一個「都市」的概念，跟其他區域以多條神經公路相連，用術語來說，前額葉皮質跟其他大腦區域有高度的「結構連接性」（structural connectivity）。

神經科學家也會以「功能連接性」（functional connectivity）來思考，這跟作業有關而非結構，因為大腦並不是隨時都用到所有的高速公路。有些神經迴路是選擇性的和其他的神經迴路連在一起，通往某個區域地方去完成某個特定功能，所以叫「功能連接性」。這是前額葉皮質管理執行功能的方式。

這些特定區域你現在應該都很熟悉了，它們包括：一、**杏仁核**，它像一本寫得很好的愛情小說，幫助你得到情緒的經驗。連接前額葉皮質到杏仁核的神經公路幫忙執行功能得以進行情緒調控。二、**海馬迴**，這個區域跟長期記憶有關，它幫助認知控制。除此之外，前額葉皮質甚至有內部的連接，好像前額葉皮質跟自己做朋友一樣，這包括了工作記憶的形成。

當孩子在兩、三歲時，執行功能快速成長，然後有一段停滯期，到青春期時再更快速地成長，一直要到我們二十多歲才真正發展完成，然後到年老時，執行功能又開始下滑。為了要解釋這種情形，我用我住的城市來做例子，想像一個實驗。

裂縫、漏水和坑洞

我住在華盛頓州的西雅圖，人口只有六十八萬六千八百人，算是相當小的城市。然而很多大公司的總部都設在這裡，從亞馬遜到美國房產資訊中心 Zillow，Nordstrom 百貨公司到星巴克，許多跨國公司都以西雅圖為家。微軟的總部也在這附近，就在湖對岸的城市裡，而波音公司更是隨處可見。

下面就是我想像的實驗：這些巨大的跨國公司需要很多員工來為它們工作，還要有人負責保養和維修基礎建設。假設有一天，大西雅圖地區的維修人員逐漸消失，你覺得這些公司的耀眼成績會變得怎麼樣？如果東西壞了，永遠沒有人去修理它，這些公司還能運轉嗎？

當電力系統故障，就沒有電可用；當水管破了，沒有人去補漏、換新管，或把積水擦乾；窗戶破了就一直破著，屋頂漏了就一直漏著，這棟大樓一定會倒下。這些公司會搖搖欲墜，最後也得關門。連接這些大公司的馬路因為沒有人維修，路面變得坑坑疤疤，道路破碎，最後，路就不能用了。不用多久，一切看起來就會像是經過了世界末日。

像這樣的情況正是執行功能遇到的情況。在我們年輕的時候，這些結構和道路連接一壞掉，修補的機制馬上活化起來使它恢復正常。大約到六十歲左右，這些維修機制開始退休。莎士比亞曾經說：「一個人年輕時愛吃肉，到老的時候卻不能忍受肉。」正常的磨損已不再被修補了。

失能的情形會發生在兩個層次。第一，連接前額葉皮質到大腦其他地方以調節執行功能的公路開始破損。有一個研究發現，百分之八十二的執行功能流失可直接歸咎於前額葉皮質用來跟遠方朋友連絡的神經迴路退化了。第二，靠這些公路連接的大腦結構——在我的比喻中，就是那些城市——也開始崩壞，像廢棄的城鎮。研究發現：海馬迴因年齡而縮小，前額葉皮質的體積也變小了。

這些都是很關鍵的流失。前額葉皮質的神經細胞是用維持電流通過興奮網路（excitatory network）的方式來支持工作記憶（這個刺激是在沒有任何外在刺激進來時，仍然繼續維持電流的運輸），當許多神經元死亡後，我們就可以看到這個組織開始萎縮，要維持內部網路繼續運作就越來越困難了。

那麼以上就是壞消息。我們顯然需要一些前面談過的好消息。電視節目的製作人李爾（Norman Lear）就是一個好例子，讓我們來看看好消息能有多好。

叫你的大腦離開沙發

對在一九七〇年代看電視喜劇的人來說，李爾就像氧氣一樣，隨時在你的身邊。他是《一家子》（*All in the Family*）、《好時光》（*Good Times*）、《傑佛遜一家》（*The Jeffersons*）和《慕德》

（*Maude*）這幾齣大紅電視劇的製作人。他從來沒有退休，二〇一六年時，他九十三歲，仍然在製作新的電視節目《踏實新人生》（*One Day at a Time*），這是將他過去的一齣熱門節目重製為拉丁美洲版。

他的大腦仍然敏銳。二〇一六年時，他上了全國公共廣播電台（National Public Radio, NPR）的《等一下，等一下，不要告訴我！》（*Wait Wait . . . Don't Tell Me!*）節目，主持人薩格爾（Peter Sagal）問他：「你有沒有什麼祕訣可以傳授給我們？因為我們也想像你一樣，到九十三歲時，仍然這樣活潑、這樣成功、這樣快樂。」李爾回答：「對我來講，只有兩個很簡單的字，說不定是英文裡最簡單的兩個字，就是：『過去的就過去了』（over）、『下一個是什麼』（next）。我們經常忽略它們。當事情已經過去了，就讓它過去，眼睛要放在下一個東西的上面。假如還有什麼介於已成過去（over）和未來（next）之間的話，那就是活在當下，我是活在當下的人。」李爾可能不知道，他的人生哲學和生活方式是非常符合神經學的，你還記得我們前面提過「正念」嗎？活在當下正是正念的指標性態度。

談話節目的主持人和與來賓通常都會馬上說些諷刺話，但是這一次他們都沒有，有一個人甚至連說了兩次「這真是對極了」。

李爾不但在心智上很健康，在身體上也是，雖然他已經九十多歲了，他的步履還是很輕快，像運動員一樣有韻律。運動是他生活的一部分，他有一次在《奧茲醫生秀》（*The Dr. Oz*）節目中展現過。節目中，奧茲醫生把李爾帶到瑜伽墊子上，請他示範平日所做的運動。他先伸展他九十二歲的身體，然後彎腰碰到他的腳趾頭，主持人喊道：「三隻手指頭碰到了！」李爾笑著說：「我以前可以做到拳頭觸地，現在不行了。」

李爾不太需要擔心因年齡而變得緩慢這回事，就平均來說，你也不必，只要你能仿效他的生活型態。這裡的重點在於心智活力和身體運動之間的連結，最近老人科學最驚訝的發現是：身體的活動越多，心智的活力越大，不論年齡皆如此。

很多年前研究者就注意到，身體健康的老人似乎比窩在沙發上不動的老人聰明，甚至統計數字也證明如此，尤其是有氧運動可以改變執行功能。假如你去調查大量關於有氧運動和執行功能的研究（這叫後設分析或綜合分析〔meta-analysis〕），你會看到非常有說服力的數字。在執行功能的測驗上，規律運動的老人家得分比坐著不動的老人高，以測量相關性的效應值（effect size）來說，甚至高到七倍，在這種研究上很少看到這麼明顯的數字。

當然，這是相關，不是因果關係。如果要確定運動和執行功能之間有因果關係，你得先找一群執行功能分數低的老人，讓他們運動一段時間，然後再來測量他們的執行功能分數。假如有進步，你就可以說，運動增進了執行功能，把它列為「因果」關係。

我很高興的說，研究者真的有做這種實驗，結果真的如上面所預測。有一個研究只執行三個月，而且也只做「走路運動」，老人的執行功能就提升了百分之三十。有的研究提升得更高，而且這個效應是長效的。有一個實驗顯示一群中年人在運動後，他們執行功能的效應竟然維持了二十五年。這種研究在通過同儕審訂的關卡後，使我們不得不相信運動可以提升老人的認知功能。難怪哈佛大學的法蘭克．胡（Frank Hu）會說：「就強健身心和整體利益來說，跟魔術子彈最接近的一個東西就是運動了。」

當然，這種研究發現背後一定有很多雜音。第一，不是所有的執行功能都能靠運動維持下去，例如聚焦的能力就不受運動的影響。運動對工作記憶的功效也有正反兩種說法，有些研究發現假如運動的方式是有氧運動，工作記憶就有提升，其他的則沒有得到任何效益，所以這方面還需要更多的研究來釐清。不過不要失去希望，研究者的確發現有東西可以影響工作記憶，不過它比較跟你吃進嘴巴的東西有關，跟你腳上穿的鞋子沒關，我們在討論飲食時，會詳細討論到。

現在，我們需要知道一下為什麼運動對大腦有幫助，它背後的神經機制是什麼？

膨脹你的神經組織

記得前面末日後的西雅圖的比喻嗎？我們把大腦區域比做城市，區域之間的連結比做城市間的公路。我們發現在有運動的老年人身上，這些大腦城市的結構和神經公路的功能都改變了。那些跟執行功能有關的神經組織變得更活躍、比較膨脹，使得該部位的整體體積變大了。科學家欣然觀察到這個改變發生在你最希望的地方：**前額葉皮質**。尤其是背側前額葉皮質（dorsolateral prefrontal cortex, DLPFC，又稱背外側前額葉皮質），它是整個前額葉皮質中連接最密的地方，它跟決策制定和工作記憶有關。

大腦內部的某些區域也因運動而得到認知功能上升的好處，如內顳葉（medial temporal lobe），尤其是這裡面最重要的部位海馬迴。你可能還記得，海馬迴跟很多關於清晰思考方面的功能都有關，如記憶和空間導航。有做有氧運動的人，他們的海馬迴會變大百分之二之多，相反的，只是做伸展運動的人，他們的海馬迴縮小百分之一點四，而什麼都不做、順其自然的人，縮小了百分之二。

進行有氧運動之後，這些地方不僅是變大，也變得更密。在前額葉皮質這個部位，現存的神經結構之內有可能出現更多的連結，而海馬迴更是直接長出新的神經細胞，這個歷程叫做神經生成。因為運動會產生一種蛋白質，叫大腦衍生神經滋養因子（brain-derived neurotrophic factor, BDNF），它會促成這一類的大腦生長，你需要大腦衍生神經滋養因子，你的大腦細胞需要它就像科學家需要研究經費一樣。

不只城市成長了，連接它們的公路也增加，這是因為灰質中的神經細胞體的緣故。有一個研究顯示，有運動的老人家整體灰質成長了百分之八，而且效果會長久，就像你繳的稅每年在增加一樣。九年以後，這些有運動的老人腦中的灰質仍然比控制組多。驚人的是，這個增加使得他們得失智症的機率減少一半。

因為這麼多的活動在大腦中發生，你可能認為這些新製造出來的神經結構需要營養，它們新陳代謝所產生的廢物也需要清除，就像那些老的結構一樣。你是對的。因為補給養分和清除廢物都需要血液來運輸，你可能會預測血液流到這些新區域的量應該要增加。你又對了。大腦血流量在這些因運動而生長的區域增加了很多，這個效果在海馬迴特別顯著。

科學家們已經發現大腦血流量增加背後的生物分子層次機制，至少在老鼠身上看得很清楚。運動刺激老鼠的血管增長（angiogenesis，又稱血管生成，angio 是血管的意思），而使它生成的蛋白質叫做血管內皮生長因子（vascular endothelial growth factor, VEGF），它對血管的作用就像大腦衍生神經滋養因子（BDNF）對神經元的作用一樣，使它們生長。

不過上述資料的特殊之處在這裡，運動不只能減緩跟年齡有關的功能下降，你的大腦其實變得更有效率，而且你不需要練成奧林匹克選手就能享受到這個好處。你只要去走路，或去游泳。千萬別像我小孩喜歡看的電影《神鬼奇航三：世界的盡頭》（*Pirates of the Caribbean: At World's End*）裡面的「皮靴比爾」比爾．杜納（Bootstrap Bill Turner）一樣。在電影中，皮靴比爾因受到詛咒，永生被困在幽靈船「飛翔的荷蘭人號」（*Flying Dutchman*，電影中譯為「幽冥飛船」）上。他的身體逐漸嵌進船身與之融為一體，四肢化為木板，皮膚上布滿了各類海生動物。在一次偶然的機會下，他終於有了理由把自己剝離船身，好與兒子的未婚妻說話。然而也只是曇花一現，他隨後又躲回牆中，動也不動，任憑幽靈船把他吸附進去。

很可惜，有些人縱容老化的歷程，就像皮靴比爾容許危險的飛翔的荷蘭人號把他吸進去一樣，他們也慢慢被吸入了歲月的船壁，開始不再活動。如果你不想步上皮靴比爾的後塵，你就必須和自己的惰性抗衡。你所需要做的不用太多，大腦就可以得到提升。事實上，你所需要做的真的少得不可思議。

一點點運動，莫大的好處

研究顯示，只要三十分鐘的中度有氧運動就能提升你的認知能力，你只要快走到不能一邊走路一邊說話的地步，一週兩、三次即可（也有一些實驗建議一週五天，每次三十分鐘）。這個效果要看你的劑量，也就是說，運動得越多，你的大腦功能越好，不過也是有個上限。有一個實驗讓老人家每週走三百個街區（city block，即街和街交叉時所圍的四方形叫做一個街區），他們的灰質如我們所希望的增加了；但是每週走七十二個街區的老人家，灰質也有增加，而且增加的數量一樣，研究者稱之為「天花板效應」（ceiling effect），即到上限了，再也升不上去了。

假如你在有氧運動中增加強化肌肉的運動，也就是針對大肌肉群的阻力訓練（resistance training），你也會得到好處，不管你當前處於什麼樣的健康狀況都可以。你必須一週進行二到三次肌力訓練才可以，如果一週只有一次就不夠，測量不出效果。

這些數據像個強力的磁鐵，把其他的建議吸到運動上面去。有一個研究讓我們聯想到前面說過的皮靴比爾的故事。老年人本來就會因為年紀大而行動能力下降，造成行動變慢有很多原因，從能量的減低，到動一動身體就會痛，甚至焦慮症和憂鬱症都是原因。研究者為行動不便的老人設計了一套健身計畫，包含有氧運動、伸展運動和阻力訓練。參加者都沒有臥床，但是行動能力有限，他們用的評量叫做「短式身體動能表現量表」（short physical performance battery，又稱簡短身體功能量表）。在訓練結束後，運動組一週可以比控制組多走一百零四分鐘，「嚴重行動不便」的行為也減少了許多。所以只要改變生活型態，勸導廣大的皮靴比爾們離開禁錮他們的牆——生活型態——很多正向的好處便出現了。

這一點很重要，因為我們同時也知道，即使只做一點的運動都能促進認知健康，甚至還會減少得阿茲海默症的機率。一些小小的身體運動，如自己起來煮飯吃、爬小小一段樓梯，或去看一場電影，都會帶給你意想不到的好處，甚至坐立不安、動來動去都為你帶來好處。

有一個研究追蹤了一群老人的運動習慣四年，他們想知道所謂「有限範圍的活動」（range activity），如在住家附近走走、在院子中走走，或甚至只要走出臥室的門，會不會有好處。結果發現那些盡可能利用「最大生活空間」的老人，比整天坐在沙發上的老人得阿茲海默症的機率減少二分之一。四處移動甚至對已經坐輪椅的老人都有幫助。這些研究的結論是什麼？一定要規律的做運動——任何運動都可——哪怕你的身體不想動。因為你不是因為要動你的身體才去運動，你是因為要動你的大腦，才要運動。

愛吃起司的人，小心你的床單

初看時，你不覺得維京（Tyler Vigen）的網站有什麼驚人之處。它看起來就像一堆無聊的圖表，每張圖表都有兩條不同顏色、高低起伏的線條，看起來就像兩隻尼斯湖水怪在跳水上芭蕾。有一張圖表上，一條線旁邊標示著「緬因州（Maine）離婚率」，顯示從二〇〇〇年到二〇〇九年一路下降。另外一條線就有趣了，它標示著「美國每個人平均消耗之人造奶油」。令人驚訝的是，這兩條線非常的相似，事實上幾乎完全相同。下一張圖表就更有趣了，第一條線寫著「美國每個人平均消耗之起司」，第二條是「被自己床單絞死的人數」，它跟起司的線條幾乎重疊，就像緬因州離婚率跟吃人造奶油的線條幾乎重疊一樣。

這些圖表跟我們這章有什麼關係？這就是我很不想要進入下面一個主題的原因：營養跟老化的關係。現在有很多研究探討老人飲食的問題，但這些研究都屬於聯想性質，不是因果關係，就如同前面的維京圖表（**譯註：你當然知道離婚率跟吃人造奶油是沒關係的，世界上有很多的線條是正巧一模一樣的**）。這種研究還有到底是「雞生蛋還是蛋生雞」的問題，孰是因孰是果難以定論。為了確定因果關係，大部分研究只能採用動物實驗。我在思考這類研究對於探討人類老化是否有意義時，確實產生幾個很大的疑慮，這也是我遲遲未進入這個主題的原因。

但是我希望要公平。研究人類的營養要做得好，很貴也很困難，因為食物是個很複雜的東西，即使是一個簡單的三明治，也是由幾百種以上的生物分子組成的。而我們用來從食物中抽取能量的新陳代謝機制，比我們的指紋還複雜好幾倍，而且跟指紋一樣每一個人都不同。要從這麼多變異性當中找出事實，就好像用叉子喝湯一樣，徒勞無功，更何況這個領域的研究經費是嚴重不足。

但是這並不表示老化和營養的關係就沒有好的研究，甚至有些研究是很有勇氣的，我們下面會介紹一些這個領域最好的實驗。要了解老化是從哪裡開始和食物扯上關係，我們必須轉而討論維修失靈的問題，先從一種十分特殊的演化性暴食說起。

飢餓大腦中的自由基

我們的大腦會渴望吃很多的食物，因為要實現達爾文進化論所講的目的，即把基因傳下去。

雖然大腦只佔我們體重的百分之二，但是卻消耗掉我們所吃進卡路里的百分之二十。大腦是很挑食的，它喜歡從糖分子中汲取能量，卻不喜歡脂肪中的能量。假如大腦能新陳代謝脂肪，你就不必瘦身瘦得這麼辛苦了，只要用力思考就可以減肥。很可惜，大腦對糖的喜好甚於奶油，所以做數學測驗永遠不會是你減肥計畫中的一項。

就像任何一個製造的過程一樣，大腦也會產生大量有毒的廢物，其中最毒的是一種很有名的分子，它的名字還真幽默，叫「自由基」（free radical）。自由基一定要趕快排除，如果讓它累積，會對細胞和組織造成很大的傷害，這種傷害叫做「氧化壓力」（oxidative stress）。任何組織在沒有控制之下受到氧化壓力傷害會開始死亡，包括神經組織，所以這是件很嚴重的事。幸好我們身體中有對抗它的分子軍隊，它們可以中和自由基，使之不再傷害身體。這支軍隊裡面比較有名的叫做「抗氧化物」（antioxidant），它們去除這些毒物的原理就跟你用紙巾把打翻的柳橙汁吸起來一樣。抗氧化物的種類非常多，有我們從來沒聽過的蛋白質叫超氧化物歧化酶（superoxide dismutase），到我們很熟悉的維他命E。只要這些抗氧化軍隊和其他修補的分子大軍保持活力，就有足夠的紙巾可以吸乾柳橙汁，有毒分子這個柳橙汁被吸乾淨，你的身體就健康了。

不好的消息是，當我們年老時，我們的抗氧化軍開始潰散，我們的分子大軍開始因各種原因不假外出、擅離職守，有先天上的原因，也有後天的。通常在我們過了生育年齡之後，這種問題就開始出現。

這真的是壞消息。那些會傷害細胞的可惡自由基會堆積在我們的細胞上面，慢慢的把我們的身體變成「超級基金有毒廢物堆積場址」（superfund site，**編按：美國為解決汙染問題成立了超級基金，針對有毒廢棄物堆積場址進行整治工作**）。這發生在身體的任何部位都是極大的傷害，最嚴重是發生在大腦，因為大腦用到最多的能源，產生最多的廢物。但是我們吃進去的食物會造成差別：請注意後面幾頁我提到「植物生化素」（phytochemical）的地方。

因為大腦跟我們吃進來的食物所產生的能源有很大的關係，所以研究者想從飲食著手去打敗時間老人。一九一三年，佛雷契（Horace Fletcher）說，你只要把食物咀嚼到雪泥般軟爛，就可以變年輕。建議是每一口飯要咀嚼三十二到七十五下。假如你這樣做，你真的可以減肥。而肥胖又跟早夭有關，或許佛雷契有點道理。

歷史充滿了那些宣稱找到青春之泉的人的墳墓，因此，現代研究這方面的學者是需要一些勇氣的。健康老化跟飲食關係的研究可以分成兩個部分：飲食的攝取量和食物的種類。

少就是多——或許吧

幾世紀以來，人們注意到，吃得少的人似乎活得比較長，而且好像也快樂一點。這個現象在實驗室中被證實了，至少對老鼠來說是這樣沒錯。在某些動物身上，限制卡路里可以延長牠們的預期壽命達百分之五十，這是相較於控制組所得到的結果。限制卡路里時，跟年齡有關的疾病，如心血管疾病、各種癌症、神經退化疾病、糖尿病等都減少了，而且減少很多。越早開始節食，效果越好。而且這個效果在每一種受試的動物身上都看到，包括果蠅。

那麼，對人也有效嗎？假如是的話，你是不是應該努力少吃，以延長百分之五十的壽命呢？答案是我們不知道。研究是顯示限制卡路里可以減少跟早夭有關的危險因子，所以就降低了機率。這個研究限制幾組三十七歲健康人士的熱量攝取，他們必須每天減少百分之二十五的卡路里，維持兩年。接著研究者檢視他們的生理和行為的指標，並與未限制熱量的控制組相比較。

結果和我們預料的差不多，但是也有意外之處。第一，不用說也知道，是他們都變瘦了，與控制組相比瘦了百分之十。但是他們血液中跟年齡有關的發炎化學物質也減少了，有一種很討厭的蛋白質叫「C- 反應蛋白」（c-reactive protein），竟然減少了百分之四十七。另一個出乎意料的發現是他們比控制組睡得好，比較有活力（這很奇怪，因為他們攝取的熱量比較少），心情也比較好（即便他們可能總是處於飢餓狀態）。

這些好的發現都跟長壽有關，但是沒有人知道它們與長壽之間是否有確定的因果關係。但是我覺得人類不至於和地球上所有其他生物不同，因此，顯然吃不飽會讓你活得久。假如你想嘗試限制飲食熱量，可以拿這一頁去給你的醫生看，討論一下節食計畫。

你吃堅果了嗎？

其他研究者則不是去看你吃了多少，而是看你吃了什麼。這裡的研究結果跟剛剛的節食研究相當一致，而且是好消息，尤其假如你很早就開始吃得跟陽光充足的南歐人一樣，那麼恭喜你。

我指的正是赫赫有名的地中海飲食（Mediterranean diet），會這樣命名，是因為它涵蓋了希臘、義大利和西班牙料理中常見的食材。第一篇這種論文是好幾年前發表在《新英格蘭醫學期刊》（*New England Journal of Medicine*，**譯註：這是美國最好的期刊之一**）的研究，作者為西班牙的研究團隊（由西班牙人發表的確不為過），這個研究叫做地中海飲食預防醫學（Prevención con Dieta

Mediterránea, PREDIMED），裡面的重點是採用這種飲食的人比較不會得心血管疾病，包括如中風等大腦病變（不奇怪，他們也活得比較久）。這使得研究者開始思考，除了中風之外，這種飲食能不能改善其他的大腦健康問題，如非病態、跟年齡有關的記憶退化呢？

答案是肯定的，雖然吃南歐的食物跟心血管的健康有關，最有趣的結果是，跟心血管問題完全無關的認知功能退化，竟然也獲得相當大程度的遏止。

這些研究者發現這種飲食的許多認知好處，包括從執行功能的改變到工作記憶的改變。有一個研究將三百個人隨機分派為三組：一組採用地中海飲食，額外補充特級初榨橄欖油；第二組也是地中海飲食，額外補充堅果；第三組是控制組，非地中海型飲食。這樣追蹤他們四年，結果那些採用地中海飲食加堅果的人，在記憶分數上比基準線高出可觀的正零點一（＋0.1），地中海飲食加橄欖油的是正零點零四（＋0.04），這好像沒有很多，但是控制組是低於基準線的負零點一七（－0.17），一比之下就很高了。研究者也在額葉皮質的認知分數上（即執行功能），甚至全面的認知功能上看到改變——這很像思考能力方面的國內生產總值（GDP）測驗。地中海飲食加堅果和地中海飲食加橄欖油兩組的分數都比控制組好很多。因為這些數字是來自隨機分派，以實驗設計為基礎的研究成果，你可以相信這些是很重要的發現。

其他美國的實驗也確定了這些結果。有一個很特別的麥得飲食法（MIND diet），是把地中海飲食與其他已知可以降血壓的飲食法——即得舒飲食法（DASH diet）——結合在一起。結果發現不但跟年齡有關的認知功能下降停止了，失智症的風險也有所降低。美國芝加哥的羅胥阿茲海默症中心主任班納特（David A. Bennett）在《科學人》（*Scientific American*）期刊上報告他們長期追蹤研究的結果：「營養流行病學家莫理斯（Martha Clare Morris）發現所謂的麥得飲食——富含莓果、蔬菜、全穀類和堅果——大幅降低了得到阿茲海默症的風險。」

班納特所說的話回答了一個你可能想問的問題：「這些飲食的祕方是什麼？」有些成分你很熟悉，有點像你媽媽和你的醫生常常嘮叨你的話：不要加醬料，多吃水果、青菜和豆子，另外要吃大量的全穀類食物，還有魚，要每天吃，鹽則用美味的地中海香料來取代。

另外有些成分你可能不太熟悉，堅果其實是有脂肪的，卻在地中海飲食法中佔了一大部分。油更是脂肪，但是只要是橄欖油，而且有限度的食用，就會增加大腦的活力。麥得飲食法則有些不同，它強調莓果類，而魚的食用量為一週吃一次。假如你是美國人，你可能會不習慣，這是為什麼它叫做「地中海飲食」而不叫「麥當勞飲食」。

像我這樣的科學家，對於飲食和大腦關係中幾百種變項的作用仍存有疑慮，要解開這些疑慮，還有很長的一段路要走。但是這些數據歸結下來，還是波倫（Michael Pollan，**譯註：美國專欄作家**）所講的一句海明威式的理念：「吃食物，不要太多，盡量吃植物。」（Eat food. Not too much. Mostly plants.）

上述的這些研究替飲食和大腦開啟了一個好的起始點，這些是這麼多年來，我第一次看到後會坐起來說「這值得看一下」的營養研究，往後一系列研究飲食功能的專案都是以它們為基礎。牆上貼的海報，很奇怪，竟也有功效。

沒有痛苦就沒有收穫

當我在念大學時，海報很流行，有一個很紅的海報上面印著一位健美先生在舉重。你知道舉重會產生大肌肉，這大肌肉怎麼來的呢？首先必須先讓肌肉纖維產生小撕裂，然後再去修補。這個修補歷程提供了肌肉塊，你得不停地創造輕微的壓力源，即撕裂肌肉，才能像海報上的健美先生。這並不是件舒服的事，事實上他的表情是咬牙切齒的，底下印著有名的標語：「沒有痛苦，就沒有收穫！」（No pain, no gain!）第二張海報是一個大胖子在喝啤酒、吃漢堡，通常會覆蓋在健美先生的海報上面，底下寫著「沒有痛苦？沒有痛苦！」（No pain? No pain!）。

這種輕度的微刺激所造成的正向效果叫做「毒物興奮效應」（hormesis），正好可以形容用飲食對抗老化的意外效應，事實上解釋了為何飲食法會有用。

從生物學上來說，毒物興奮效應是用不停的給細胞壓力，去刺激正常的分子修補機制，包括神經細胞在內。這種壓力通常很小，但是持續存在。一直騷擾細胞直到次數夠多之後，這細胞就開始啟動維修機制，號召分子維修小隊前來支援。而這些維修小隊正是當我們老了就開始退休的那些隊員，因為一直不停把它們叫回來修補，使它們一直在活化，細胞就能一直維持良好的修補狀態，身體就比較不衰老，人就能比較舒服地進入老年了。

限制卡路里和以植物為基礎的飲食，都是透過毒物興奮效應來對抗老化，至少在實驗室的動物身上是如此，而現在有越來越多的證據顯示人類也是如此。這些維修機制所修補的範圍很廣，從有缺陷的蛋白質到破洞的細胞膜，什麼都修。它們讓額外的鈣進入神經細胞，強化細胞的功能。它們刺激某些生長因子，如最疼愛神經元的大腦衍生神經滋養因子（你應該還記得，它對大腦神經的生長做了許多好事）。限制飲食會讓細胞以為它的主人在挨餓，刺激毒物興奮效應出現。假如卡路里一直不夠，那麼細胞修補的機制會一直活化。

請注意，我並沒有建議你像實驗動物那樣嚴格的限制卡路里以達到長壽的目的。更確切地說，研究者發現一個月五天限制卡路里就可以減緩老化，但是超越五天可能會有負面的生理效應出現，而且並非每一個人都同意節食五天是個好主意。

以植物為基礎的飲食之所以有效，是因為它們富含植物生化素，這種物質會告訴你的大腦說它們是——蔬菜。這些植物生化素不知怎麼地，說動了抗氧化大軍從退休狀態復出，開始清運垃圾、自由基等等。這些加上運動提升大腦的血流量——這對廢物的運送很有幫助——你就擁有一個強力的修補大隊了。**植物生化素同時也能說服神經細胞去製造更多的大腦衍生神經滋養因子，幫助啟動製造新的神經元的歷程。**我很認同這個看法，身體極有可能將吃蔬菜視為一個惱人的壓力源。不過，只要你不停騷擾你的細胞，也會連帶刺激讓它們延長生命的分子。

我們正開始了解你該吃哪些食物，以及飲食為什麼會產生功效。結果發現，我們吃進去食物的複雜性——營養研究讓我抓狂的地方——可能正是它們具有抗老化特質的原因。單獨補充維他命E或其他抗氧化物等營養補給品，對多數人都沒什麼作用，它們大部分都被排出體外，也就是說，你吃了落落長的營養品，也只代表你的尿液很昂貴。這些成分抗老化的祕密在於它們之間的**協同效應**，這些全都在真正的水果和蔬菜中，有很多是還未界定出來的成分。

從演化的觀點來看，這是有道理的，人類的祖先哪有在吃這些純營養品，因為大自然中根本沒有那麼高濃度的營養存在。更確切地說，在當時（現在也是），那些我們身體需要的營養都藏在它們的「宿主」——植物中，我們演化上就是要吃天然的營養，而不是藥房開的營養。假如你想要得到本章所告訴你的好處，你第一要站起來，去走路也好、游泳也好，甚至只是踱來踱去都好，然後去吃一盤植物生化素。

還要確定你拿的是小碟子。

總結

注意你的飲食，起來動一動。

- 執行功能——情緒調控和認知控制所需的認知工具——會隨著年齡而退化，因為大腦的維修機制開始出問題。
- 身體活動越多，心智活力越強（即執行功能進步），不管你是幾歲。
- 大腦雖然只佔你體重的百分之二，卻用掉你所吃進卡路里的百分之二十。
- 減少卡路里的攝取可以減少跟年齡有關的發炎化學物質、改善睡眠和情緒、提升能源，這些都跟長壽有關。
- 含有多量蔬菜、堅果、橄欖油、莓果類、魚和全穀類的飲食，如地中海飲食或麥得飲食，可以強化工作記憶，降低阿茲海默症的風險。

Ch. 8

你的睡眠

大腦規則

思考要清晰，先要睡得飽，但不要睡太多。

沒有人在回想他的一生時，會記得他們有足夠睡眠的夜晚。

～無名氏

我已經到了這個年齡，所謂的快樂時間就是睡個午覺。

～無名氏

「我睡覺！」瓊斯（Susannah Mushatt Jones）在記者問她最熟悉的一個問題：長壽的祕訣時，大笑著回答。她也提到她吃的早餐包括炒蛋、粗糧、四條培根，從她有記憶以來，她早餐一直都是吃這些。

她在二〇一五年時，高壽一百一十六歲，是最後一個出生在十九世紀的美國人，也曾短暫地登上仍在世的全世界最老的女人（她在二〇一六年過世）。雖然她只結過一次婚，沒幾年便離婚，而且沒有小孩，她卻有一百多個姪兒姪女可以寵愛，而她也的確對這些孩子疼愛有加。她支持第一個姪女念完大學，包括博士，這是很大的一筆投資，她的姪女則替她寫自傳作為回報。她的慷慨大愛也擴及其他孩子，為非裔美國學生成立了獎學金。瓊斯生在阿拉巴馬州（Alabama），她一生多數時間都在紐約替人做管家和保姆。

除了愛吃培根以外，瓊斯的生活型態完全是我們稱之為健康的生活型態。她從來不抽菸、不喝酒，一年去看幾次醫生。在現代以及她的年齡，她卻只有服兩種藥（高血壓藥）及多種維他命。她直到一百零六歲都是她大樓管理委員會的委員，她為什麼會說「我睡覺」？因為她晚上要睡十個小時，還加上午睡。

我先把醜話說在前面，本章中，壞消息比好消息多。但是有一些壞的部分是我們可以預防的，如像瓊斯一樣，養成良好的睡眠習慣。要了解睡眠對我們老年生活品質的影響，我們必須先了解睡眠的機制、我們為什麼要睡覺，以及睡眠如何因時間而改變。在本章中，我們也會談到如果沒有足夠的睡眠，對認知會有什麼影響，最後會談如何睡得好。有些科學家認為，假如你想得到最好的身心健康，睡眠是一天中唯一最重要的經驗。

或許我應該說睡眠是一夜中最重要的經驗。

夜貓子和早鳥

許多人對睡眠研究所發現的三件事感到驚奇：

一、我們不知道你每晚應該睡幾個小時，不是每一個人都需要八個小時。

二、在正常睡眠的週期中，你有五次幾乎醒來，而那是正常的。

三、我們才剛開始了解為什麼你需要睡眠，睡眠不全然跟恢復能量有關，甚至連大部分都談不上。

我們對睡眠的了解竟然有像加州聖安德列斯（San Andreas）那麼大的斷層，著實令人吃驚，尤其人類有這麼多的睡眠經驗，我們竟然對它一無所知。當你八十五歲時，你已經花了二十五萬小時在睡覺上，幾乎是二十九年的壽命。

睡眠最令人驚訝的是它的超級個別化。許多因素都影響睡眠，使我們幾乎無法說出一個一致性的故事。

每個國家的人民睡眠不同，荷蘭人每夜平均睡八個小時又五分鐘，新加坡人睡七個小時又二十三分鐘。這只是他們**實際**的睡眠時數，但是不是他們**需要**的睡眠時數呢？目前還沒有人知道。

睡眠也隨每一個人的「時間型態」（chronotype）而不同，這是指睡到自然醒的狀態下所經歷的睡眠與清醒週期。每個人有每個人的睡眠偏好，有人是聞雞起舞的早鳥型，有人是晝伏夜出的夜貓型。有些人早上工作效果好，他們晚上九點半就早早上床去睡了；有些人到半夜三點還不睡，要睡到下午才起床。其他影響睡眠的因素還包括壓力、寂寞，以及白天喝了多少會影響睡眠的東西，如咖啡。

或許影響睡眠最大的一個因素是年齡。初生嬰兒一天悠悠哉哉地睡十六個小時，老人家通常睡不到六個小時。即使這些數字也不全然正確，有人只需要五小時睡眠，有人不睡十一個小時不行。有個七十歲的英國婦女宣稱她每晚只需六十分鐘的睡眠，不過她錯了，當科學家連續觀察她五天時，發現她每晚睡六十七分鐘。她完全沒有顯著的認知或行為上的失能，沒有任何睡眠剝奪的症狀。雖然這非常的不尋常，但是每個人的睡眠有差異是很平常的。

睡得好不好也有很大的變異性。百分之四十四以上的義大利老人認為他們有嚴重的失眠，百分之七十的法國老人也有，美國和加拿大老人則約百分之五十。他們的睡眠障礙可以分成兩個類別，第一是關於入睡的困難，研究者稱之為「睡眠開始的長度」（sleep onset latency，又稱睡眠潛伏時間，**編按：即開始睡覺到真正入睡所需要的時間**）；第二是維持睡眠狀態，也就是我們說的被吵醒。

我們唯一確定的是睡眠品質隨著年齡而下降，要了解為什麼，我們必須先了解睡眠的機制。睡眠週期源於衝突，就像兩支足球隊在爭奪英超冠軍，他們一天較勁二十四小時，直到你死為止。

其中一隊唯一的功能就是使你清醒——讓我們給它們穿白色的球衣。這隊的球員很有才氣，也有很多的方式，如運用荷爾蒙、大腦區塊和體液，它們通力合作，唯一的目的就是使你白天眼皮睜開。我們把這組白隊叫做晝夜覺醒系統（circadian arousal system），circadian 這個字是在一九五九年創造出來的，它的字面意思就是「大約一天」。

另一隊是一組目的完全相反的生物程序（biological process），全部的功能就是要你睡覺，讓我們給它們穿黑色的球衣。它們也是運用荷爾蒙、大腦區塊和體液，唯獨它們一心要叫你去床上睡覺，讓你在那邊躺好幾個小時。我們把這組黑隊叫做動態平衡的睡眠驅力（homeostatic sleep drive，也稱為恆定睡眠趨力、恆定睡眠系統）。

這兩隊在你活著的每一分鐘都在比賽，在英超球迷的熱情叫囂下，相互拉扯、你來我往，沒有一分鐘停止。兩隊從來沒有打平過，實力互有消長，各自只能主宰一天的某些時間。在白天的時候，晝夜覺醒系統控制著球場；夜晚時，動態平衡的睡眠驅力主宰一切。雖然這個拉扯是二十四小時循環的，但是它並不受太陽和天空的影響，就算你住在黑暗洞穴裡，這個擺盪還是繼續發生，只不過這個循環就拉得稍微長了一點，是二十五小時左右了，至於為什麼會多一個小時，沒有人知道。

抓住腦波節奏

這場神經上的足球賽——術語叫做相對歷程理論（opponent process theory）——的特色在大腦的腦波，我們可用一種網狀的腦波儀來來偵測大腦表面的電流，藉此觀察到腦波。

白天由白隊完全掌控，你的大腦那時的電流形態叫做β波（beta wave，貝塔波）；晚上當黑隊崛起時，β波就被比較放鬆的α波（alpha wave，阿爾法波）所取代，它使你愛睡，眼皮睜不開，最後你進入睡眠狀態。在這過程中，你的大腦往下經歷三個階段，逐漸到達深度睡眠（deep sleep）。這個最深度的睡眠特徵是腦波變得很大，叫δ波（delta wave，德爾塔波），這就是「慢波睡眠」（slow-wave sleep, SWS），在這個時候是很難把人叫醒的。我們的睡眠約九十分鐘一個週期（cycle），嬰兒約六十分鐘。

但是很難並不是不可能，事實上，在一個半小時之後，你的大腦會自動把你叫醒。很大、很慢的δ波開始退去，你開始沿著睡眠階段逐漸往回走，也就是說「越來越不想睡」。這時，你的眼球開始跳動，為什麼要跳，也沒有人知道，這個階段叫做「速眼動睡眠」（rapid eye movement, REM，又稱快速動眼睡眠）——事實上是速眼動睡眠一（REM-1）。它跟前面的深度睡眠在質上很不同，因此前面的睡眠叫做「非速眼動睡眠」（non-REM sleep，又稱非快速動眼睡眠）。在速眼動期你比較容易被叫醒。

但是如果一切正常的話，你不會醒來，黑隊會繼續主導局面，你經歷速眼動睡眠一陣子後，又重複前面三個階段，進入深度睡眠，大而祥和的δ波再度出現，使你在那裡再睡六十分鐘。

前面為什麼說速眼動睡眠一（REM-1），是因為它只是你那天晚上經歷很多階段的第一個，你基本上還會再經歷四個速眼動睡眠，那一夜才會過去。每一個速眼動睡眠後面都伴隨一組深度睡眠，只有在第五個速眼動睡眠之後，白隊才開始反攻，從黑隊手中奪回賽場，讓你開始白天的工作。兩隊之間的擺盪完全沒有暫停時間，不會插播廣告，即便你是千百個不願意，白隊白天就是要叫你起來，黑隊晚上就是要叫你睡覺。

直到你步入老年，情況開始有所不同。它們還是想維持這個你來我往的節奏，但是越來越力不從心。

上面是我們怎麼睡覺，但是為什麼要睡覺呢？這個答案就像你心情不好一樣的明顯。當你不睡覺時，你脾氣暴躁、容易生氣，一點小事就跳起來，最主要的是，你覺得累。所以睡眠一定跟充電、恢復體力有關，對嗎？

錯，至少一部分錯。生物能量的分析顯示睡覺時，只有節省一百二十卡路里的能量，等於一碗湯的熱量，而這都要怪你的大腦，因為它用掉你攝取能量的百分之二十，而且為了讓你活命，它得一天二十四小時、一週七天待命，全年無休。只節省一碗湯的能源實在不怎麼樣，所以恢復體力不是我們睡覺的原因。

那麼，為什麼我們要睡覺呢？從演化的觀點來看，在東非大草原上，即使躺下來睡十分鐘都是不智之舉，尤其在黑夜。然而，我們卻每天都躺在大草原上，麻痺不動幾個小時，而這個期間正是花豹出沒的時間，為了節省一百二十卡路里，這代價未免太大了。

直到最近，研究者才找出一些端倪，這些洞見對我們年老的大腦有很重要的關係。本章就兩個最大的突破點來談一下，我們為什麼要睡覺。

睡覺是為了學習（第一重大發現）

第一個突破來自記憶的研究。如你所知，你的大腦白天忙著記錄各種活動，有些可以忘記，有些很重要，有些需要時間做進一步的處理。你的記憶系統不停地在工作，大腦至少有兩個區塊在忙記憶的事情。

第一個是皮質，是大腦最外層的組織，像包裝紙一樣包覆著腦，跟智力有關。第二是海馬迴，我們前面經常提到這個形狀像海馬、深藏在皮質下的結構。這兩個地方彼此有神經迴路密切連接，當記憶形成時，電流在迴路上跑來跑去，像青少年在傳簡訊一樣互相交流。這個電流活動把記憶的碎片保留住，稍後再來進一步的處理。

稍後是什麼時候呢？科學家現在知道是「稍後的那天晚上，慢波睡眠的時候」。在你深度睡眠的時候，你的大腦重新活化白天的記憶，把那個貼著「稍後處理」的記憶拿出來，接著大腦會重複白天的電流形態幾千次來強化連接，固化這些訊息，這叫離線處理（offline processing）。假如你不重新活化這些記憶，這些記憶就不能保存太久。

這些研究發現無疑給我們投下一顆震撼彈，所以你需要睡覺不是為了休息而是為了學習。晚上當你眼睛閉上，沒有外界的訊息進來轟炸你、跟你搶注意力的資源時，是處理白天來不及處理的訊息的最好時候。

研究也發現睡眠有助於其他的功能，如幫助消化、維持免疫系統活躍。我們終於慢慢開始了解人為什麼要睡覺，不是因為我們需要休息（rest），而是我們需要**重新啟動**（reset），當你休息的功能出問題，重新啟動就變成一個挑戰了。

很不幸，這就是你年老時的狀況。

慢效應的酸液

我在樓下有個盒子，每次我看到它都會沮喪，因為裡面是我孩子小時候的錄影帶。為什麼要沮喪？並不是因為影片的內容，那些錄影帶是我最珍貴的記憶，我會沮喪是因為影片的儲存方式，是VHS格式。我最近才發現，如果我把這些帶子留在原來的地方，就等於把它放在慢效應的酸液中，它們會開始化學侵蝕，隨著時間逐漸流失裡面的訊息。這種自然的分解並不是馬上產生，它跟環境的因素有關，如溫度、濕度。假如我什麼都不做，裡面的訊息就會流失——正確來說是會變得破碎。若儲存在六十度的溫度（假設濕度是合理的），十六年後，帶子會碎掉；若是增加溫度到七十度，那麼八年帶子就碎掉。而我最老的帶子是十九年，你說我怎麼會不沮喪？

老化就跟自然的風化一樣，不論你的訊息是儲存在磁帶裡，或是儲存大腦的認知歷程中，都會受到自然風化的損壞。而睡眠的歷程也不能免疫。簡單的說，睡眠歷程也會退化，就像是你大腦中的VHS錄影帶一樣，你的睡眠也變得破碎了。

尤其慢波睡眠在你年老後會減少。在你二十幾歲時，你晚上大約花百分之二十的時間徜徉在療癒的慢波中，讓它修補你的身體。但是到你七十歲時，你的慢波睡眠只剩下百分之九，而處理記憶、清除垃圾都得在慢波睡眠時進行，你就了解睡眠的必要性了。

為了說明睡眠的改變，我舉一個典型的夜晚休息為例，比較兩個人的睡眠，一個年輕、一個年老。

假設一個慈祥的祖母和她二十歲的孫子諾亞，都在晚上十一點鐘上床睡覺。十分鐘以後，孫子順利地進入非速眼動睡眠，在午夜十二點以前已經悠游於慢波之中了。

祖母也做同樣的事，但歷程就沒有這麼平順。她一樣由淺入深地睡覺，但是在進入第二階段的非速眼動睡眠時，她突然好像從睡眠的波浪中起來換氣，在晚上十一點半左右醒了過來。現在她要重新入睡。她也在午夜之前到達了慢波睡眠，但是跟諾亞不同的是，她在慢波睡眠停留得不久，十二點半時她又醒來了，又得重新入睡。她像乒乓球一樣，往返整夜，最後一次到達慢波睡眠約是凌晨兩點半，假如她真的有到的話。她的經驗叫做碎片睡眠（sleep fragmentation）。諾亞就不一樣了，他很平順的經過了四到五次的非速眼動／速眼動睡眠週期，在慢波的海洋裡愉快地游了四次，一覺睡到天亮。

又是什麼因素控制著諾亞和他祖母的睡眠經驗呢？要說明這一點，我得帶你去科羅拉多州（Colorado）的波德（Boulder）走一遭。

控制全世界的小鐘

在科羅拉多州的群山中，埋著一個小小的機器，它的摧毀力比世界上所有的核子彈綜合起來還更強，假如這項科技停止運作，人類文明將會變成人質。警察、消防和緊急救護的溝通系統會突然中斷；供電系統會失去同步性，然後超載，造成全世界的災難性停電；華爾街和全球金融部門會突然動彈不得，好像癲癇發作一樣；高速市場交易會凍停在數字燈上；衛星通訊會中斷，導致飛機飛到一半不知身在何處，假如你在用手機的衛星導航開車的話，你也會不知道你在何處。不過無所謂，反正電話本來就不通了，你的手機也只能拿來玩之前下載的《憤怒鳥》。整個文明會像瘸了瞎了似地停擺。

什麼樣的毀滅儀器有可能讓現代人類經驗付出這麼大的贖金？這答案似乎平淡無奇，埋在科羅拉多山中的是一個小鐘，驅動它的引擎只有一個原子的大小，這個東西叫做NIST-F2，是世界上最準確的原子鐘（atomic clock）。它利用銫（cesium）原子內部的天然振動來決定什麼是「秒」，全世界大多數的基礎設施都要和它同步，只要它無恙，世界文明就可以蓬勃發展。這個強大的計時器要三億年才會誤差一秒。

你的大腦內部也深埋著一個小小的神經組織，只有兩萬個神經元而已，叫做上視神經叉核（suprachiasmatic nucleus, SCN，又稱視交叉上核），位在你眼睛後方幾英寸的地方，掌管著你身體的心律調節器，相當於掌管著人類文明的銫原子鐘。它是透過電流的輸出、荷爾蒙的分泌和基因展現的型態來決定它的天然節律，而且是可以測量得到的。這些細胞的節律本能之強，強到你可以把它們從大腦中抽出，放在培養皿中，它們還是會依二十四小時的週期有節律地跳動。它們控制著科學家稱之為人身體的晝夜系統（circadian system）。

而它就是為什麼你不能像過去一樣睡個好覺的原因。

這個晝夜系統就像一個故步自封的獨裁者一樣獨立運作，然而它的行程卻是可以改變的——這是我們有一點點能力可以控制睡眠的原因。上視神經叉核直接從眼睛接受白天的訊息，透過視網膜投射（retinal projection）感應光線，能幫助上視神經叉核調整自己的節律和地球自轉同步。接著上視神經叉核用這些資訊使你在晚上昏昏欲睡、白天維持清醒。（這個功能不是控制睡眠的唯一因素，身體的核心體溫等等也很重要。上視神經叉核也不是只有控制睡眠，壓力荷爾蒙皮質醇也受到嚴格的晝夜節律控制，消化也是。這是因身體各處還有許多其他的生理次時鐘〔sub-clock〕，它們會跟上視神經叉核相互聯繫，以達到節律的同步，就像你的手機會跟銫原子鐘同步一樣。）

那麼，上視神經叉核如何控制睡眠呢？這個才華洋溢的神經結跟大腦很多區域都有互動，包括腦幹（brain stem），這是產生睡眠週期最重要的地方。上視神經叉核透過荷爾蒙如褪黑激素（melatonin，又稱褪黑激素）來調節人體的生理時鐘。

這個荷爾蒙並不是由上視神經叉核所製造，而是由位於它後面幾英寸、豌豆大小的松果體（pineal gland）所製造。晚上的時候，上視神經叉核會把松果體的開關打開，褪黑激素就流到血液中，一整夜在血液中循環，直到第二天早上九點左右濃度才大為降低。

失去你的節律

為什麼當我們年紀大了，睡眠會從平順變成碎片？研究者發現老化的大腦有幾個有趣的變化，都跟晝夜節律（circadian rhythm）有關，而且大部分跟上視神經叉核有關。

其實老化並沒有影響上視神經叉核的神經元數量或它的整體大小，如果能把祖孫兩人的上視神經叉核拿出來檢視的話，你會發現，從外表其實分不出來哪個是祖母的、哪個是孫子的。

但是內部結構就不一樣了，大部分跟上視神經叉核有關的節律系統因年齡而改變了。電流的輸出改變了，分泌調整節律的荷爾蒙的能力消失了，上視神經叉核中產生節律的基因展現下降了。這些對睡眠和清醒都有可測量到的效應，尤其是褪黑激素和皮質醇的濃度。研究者認為這些改變對整個身體有廣泛的影響，最主要當然是影響你的一夜好眠，這是為什麼祖母無法一覺到天亮而孫子可以的原因。

這對祖母有沒有大礙呢？碎片式的睡眠對祖母的認知有傷害嗎？過去研究者會說「有的」。睡眠認知假設（sleep cognition hypothesis）過去認為大部分跟年齡有關的認知缺失可以歸因到睡眠不足，但是它被稱為「假設」就表示未被證實。最近仔細的檢視發現睡眠認知假設太過簡單，甚至趨近錯誤。研究者一開始以為年輕人的數據可以套用到老人身上，下面兩個例子可以清楚說明這個錯誤。

記憶

就像一首歌在你腦海中不停播放一樣，大腦在晚上會把白天發生的事拿出來一次又一次地重播。我們前面有談過這個現象，說它可以幫助記憶固化，形成長期記憶。後來的研究發現這個好處只發生在六十歲以下的人身上，之所以如此，是因為他們發現大腦裡有個皮質紋狀體網路（corticostriatal network）會隨著年齡而改變。這個網路包含跨越左腦與右腦的迴路，且通常負責調節跟目標導向行為有關的感覺。在老人身上，這些迴路不像年輕時那麼活躍。當研究者用測試年輕人的測驗，去測試老人大腦的離線處理技術時，發現老人並沒有享受到年輕人的那種好處。

執行功能

睡眠不足跟缺乏許多社交上的潤滑行為有關，包括執行功能。這個發現來自睡眠剝奪（sleep deprivation）的研究，受試者大部分是自願的美國大學生，而許多研究者就假設老人家也會有相同的缺陷。但是他們沒有，老人的睡眠剝奪實驗並沒有顯示超過基準線的執行功能缺失，包括測量衝動控制、工作記憶和注意力聚焦。

為什麼睡眠不足不會傷害老人家？有些研究者認為自然老化所帶來的認知缺失已經差到底，所以無法再差了。認知損傷已經完成，已到達最低點，要再壞也沒地方可壞下去，這叫做「地板效應」（floor effect）。不過同樣的道理，他們也好不起來、就是這樣了。

不過情況並非如此無望，甚至用地板效應來解釋也是個錯誤。《舊約聖經》中的一則故事給了我們一個正確方向。

早早開始

你可能還記得《聖經》中的約瑟，他是雅各的倒數第二個兒子，也是埃及帝國僅次於法老的最高官員。他之所以得到這個位子，是因為在一場世界上最奇怪的工作面試中，他替法老王解釋了兩個非常費解的夢。第一個夢跟牛有關，有七頭母牛從尼羅河中走出來，牠們長得又肥又漂亮，一副懶洋洋，上岸後啃著旁邊的草地。緊接著有七頭醜陋的牛也出了尼羅河（《聖經》上引用法老王的話：「我從來沒有看過這麼醜的牛！」），這幾隻瘦得皮包骨，看樣子在打架。接著好像史蒂芬．金（Stephen King）的恐怖小說情節，這些瘦牛搖身一變成為獵食者，攻擊牠們肥美的同胞，把牠們吃掉。第二個夢也是一模一樣的恐怖劇本，只不過換了主角（是七枝會兇殺同類的麥穗）。約瑟正確地解夢，指出這兩個夢代表了警告，埃及將會有七年的豐收，然後七年的飢荒，假如人們要想存活下去，他們得早早耕地，儲存糧食，以備荒年之需。

所以他得到了這個職位。

我們學到什麼呢？為了減少老化後片斷式睡眠對我們的影響，要未雨綢繆。**假如你不想老的時候認知功能衰退，你得在中年的時候養成好的睡眠習慣。**

這就是睡眠研究者史考林（Michael Scullin）的想法。他和一位同事閱讀了過去五十年的睡眠論文，從中尋找睡眠型態，他們用下面這幾句來綜合他們的發現：「維持好的睡眠品質，至少在你年輕和中年時就要養成這個習慣，這會提升你的認知功能，保護你在老的時候不受認知能力下降的傷害。」

現在就養成好習慣，等到認知的荒年來臨時，就會看到好處。

睡覺是為了清掃(第二重大發現)

最近科學家發現睡眠還有另外一個比較不引人注目的用處：清除垃圾，當你離線開始休息時，就換這功能上線處理。

我去演講和擔任研究顧問時，偶爾會住進奇怪的旅館，不能入睡。從我的房間可以看到一個城市的夜間工作人員：垃圾車轟隆隆地駛過無人的街道，把垃圾載到垃圾場去掩埋，掃街機更大聲的把灰塵掃到路邊。而大腦也需要倒垃圾和清掃，它白天辛勤的工作，產生很多有毒的廢物在組織中，必須清除出去，就像一座城市的垃圾必須運走，街道必須掃乾淨一樣。

你的大腦正好有這樣一個系統，真是太好了。事實上，大腦有很多個下水道系統，它們就像城市裡的夜間工作人員一樣，許多也是在夜間開始活化。其中一個叫做類淋巴系統（glymphatic system，**譯註：**glymphatic **前面的**「g」指的是膠質細胞〔glial cell〕，**因此說**「**類**」**淋巴**），下面是它的工作方式：

你的神經元是泡在鹽水裡面的，就跟海水一樣，因為人類是從海洋中進化來的。大腦工作所產生的廢物被倒入這些鹽水中，就像很多不負責任的公司把廢棄物傾倒到附近的河川中一樣。幸好由細胞、分子和管道所組成的類淋巴系統就像一個經費充足的環保署，可以把垃圾分離、從水中撈出，靠虹吸方式把它抽到你的血液中。這些有毒的廢物從大腦中清出後，你第二天早上再靠小便把它排出。這個傳送系統作用於慢波睡眠期間，和學習發生在同一個階段。

這個階段也是我們年老時變得比較少的階段。

當毒物囤積

即使在以衛生工程人員勞工糾紛著稱的紐約市，一九一一年的清潔工罷工事件還是像塊腐肉似的，臭得讓人不得不注意。

當時，垃圾清運工和街道清潔工這兩個工會組織，聯合起來要求政府改善工作環境。政府拒絕了，於是引發罷工。一開始還沒那麼激烈，垃圾還是斷斷續續會收，街道也偶爾會清。隨著要求一再遭拒，道路被越來越多的垃圾堵住，紐約市整個運作大亂。政府因應的做法是找人頂替罷工者工作，這些人卻馬上被罷工的人毆打。垃圾越堆越高，交通為之癱瘓，又臭又危害健康。雪上加霜的是，正當罷工進行到一半，紐約下起了大雪，滿是垃圾的街道為大雪所覆蓋。為了眾人的利益著想，最好還是回到工作崗位，讓紐約市恢復整潔。一個月後他們終於復工，這期間各種暴力橫行，死了好幾個人。

還有另一項衝突的核心也是這種斷斷續續的垃圾清運，這項衝突發生在慢波睡眠時的大腦。當你年紀大時，你的睡眠變得斷斷續續，使你錯失這種必要的睡眠。你的上視神經叉核經過長時間的磨損，因而無法精準地調控睡眠和清醒，造成這種片斷式睡眠。科學家認為，沒有足夠的慢波睡眠，大腦的清潔工便開始怠工，垃圾的清除也就變得斷斷續續。

就像一九一一年的垃圾罷工一樣，有毒的東西開始堆積。科學家相信這會開始傷害大腦組織超過一定程度，包括睡眠器官本身都受到傷害，當然這個惡性循環就造成更多的片斷睡眠、更少的慢波睡眠階段，然後又形成更多的傷害。有些睡眠研究者假設這個傷害最後會造成行為的改變，包括認知功能下降和失智。總結來說就是，上視神經叉核失能造成慢波睡眠減少，導致廢物清除變得斷續、不能及時排出，最終造成神經元的損傷。

不過這只是一個假設，而且還遇到雞生蛋、蛋生雞的問題。假如說這種惡性循環始於上視神經叉核失能，最終導致失智，那麼分子毒物堆積也有可能出自基因等其他原因，而非睡眠所致。而且毒物堆積也必須到達一定的危險程度，上視神經叉核才會開始失能，才會引發其他連鎖反應。以我們現階段的理解，研究者還不確定到底上視神經叉核是始作俑者，還是中途才加入這場遊戲。

那麼，這個假說是怎麼開始的？研究者很早就知道長期的睡眠不足是許多神經退化症的危險因子，包括巴金森症、亨丁頓舞蹈症和阿茲海默症。科學家觀察到一件事，跟上述流行病學上的觀察相符。許多年前，他們發現有時差的空服員（尤其是那些要飛長程的國際航線空服員），他們的海馬迴縮小得比別人嚴重，這是阿茲海默症的前兆。後來研究者確定任何行業的晝夜干擾都會引發系統性全面的發炎，以及產生沒有清除的有毒廢物。

所以類澱粉蛋白假說的支持者就用這個說法來強化他們對阿茲海默症病因的解釋，他們的理由是：現在顯然相當清楚，不能及時清除有毒的 β 類澱粉蛋白碎片，是阿茲海默症神經細胞受損的真正原因。假如睡眠不足，這種有毒碎片顯然會停留在腦中過久，所以睡眠不足是阿茲海默症的危險因子。加上類淋巴系統在你清醒時的運作會大幅趨緩，因此就產生了和前面一致的現象：β 類澱粉蛋白沒有辦法一直被清除。他們就假設是這樣導致失智症。

光是這一點就足以說服我們晚上要好好睡覺了，不管你是哪一個年齡。但是這不是唯一的理由，你的壽命和心智健康是另外兩個好理由，說明為何睡眠很重要。下面我們就來談這些議題。

恰恰好的睡前故事

許多科學家很喜歡《金髮姑娘和三隻熊》（*Goldilocks and the Three Bears*）的故事，而且都是出於專業上的理由。這故事可以解釋許多生物程序和行為過程的傾向，難怪科學家喜歡，我們下面就用它來做例子。

我最喜歡的故事版本來自很久以前的卡通《鹿兄鼠弟》（*The Rocky and Bullwinkle Show*，**譯註：這是一九五九到一九六四年的美國電視卡通**），這個版本是說有一個金髮的小姑娘在森林裡迷了路，她發現一個小屋子，裡面住了熊爸爸、熊媽媽和小熊奧斯華（Oswald）。只有小熊的東西對她來說是「正正好」（just right），包括稀飯的溫度、搖椅的高低和床鋪的軟硬，熊爸媽的不是太過就是不及，都不合小姑娘的意。這一集是由霍爾頓（Edward Everett Horton）擔任旁白，他的嗓音宏亮，又有點仿英國腔混布魯克林（Brooklyn）口音，因此表面上很嚴肅在說故事，聽起來卻有那麼點譏諷味。即使過了這麼多年還是很好看。

而且也極富教育意義。我在這裡所討論的是每個人欲維持最高生活品質所需要的睡眠最佳時數，而且還希望同時達到最長壽的目標。我後面會說明，睡眠的曲線像個倒寫的U字母：兩端是太多和太少，只有中間是恰恰好。

研究顯示睡眠中斷不只是不方便，而且是致命的，沒有得到足夠的睡眠會影響你的壽命。這些研究已有數千名受試者參與（事實上是兩萬一千「對」芬蘭的雙胞胎），在這麼大的數據下，我們甚至可以說出足夠的睡眠是多少。

結論是：**你每夜需要六到八小時的睡眠，不能比這多，也不能比這少。**假如你的睡眠少於六小時，你的死亡風險會增加，女性增加百分之二十一，男性增加百分之二十六。假如你的睡眠多於八小時，你的死亡風險也會增加，女性增加百分之十七，男性增加百分之二十四。**你一定要睡得「恰恰好」才會得到最佳質和量的生活。**看到這裡，你有沒有似曾相識的感覺呢？就像金髮姑娘故事給我們的啟示，每個人的需要都不同，過與不及都不好，要找到適合自己、恰恰好的睡眠。

這裡講的死亡風險（mortality risk）是指任何原因的死亡，只不過不令人意外，通常就是那些跟老年有關的死亡原因：中風、心臟病、高血壓、第二型糖尿病、肥胖症。然而意外的是，這些死亡風險數字，老年人其實是低於年輕人的。以年輕男性來說，睡眠不足的死亡風險會增加百分之一百二十九。為什麼會這樣？為什麼會有「代溝」？目前我們還不知道。

同時你也必須要知道這些數據只是統計，不能盡信。這些數據是很確鑿沒錯，不過如果你還記得高中數學，就知道統計不能完全套用在個人身上。要睡多久還是要看個人，每個人不一樣。

我在本章一開頭就說，許多不同國家的老年人都說有他們有睡眠的困難。這個問題值得重視，有幾個理由。一個無眠的夜晚會使你第二天早上起來心情不好，如果好幾天都連續睡不好，會使你的認知功能失常，從記憶功能到解決問題的能力，各種認知功能都受影響。

更糟的是，持續性的睡眠不足會嚴重影響心智健康。老人家若是花三十分鐘以上才能入睡，會增加得焦慮症的風險，原因你可能很熟悉：躺在床上睡不著時，老人家就開始想不如意的事、擔心的事，一遍又一遍，沒完沒了。雖然這個反芻的壞習慣任何年齡的人都有，但是老人家愛操心有一些特別的原因，他們可能覺得對自己的心智和身體越來越缺乏控制，尤其他們的身體有毛病的話，更是如此，而且他們對財務和人際關係也沒有安全感。一下子三十分鐘過去了，他們還沒睡著，反倒是流得滿床單都是冷汗。

憂鬱症也跟越來越嚴重的睡眠片斷有關，有憂鬱症的老人通常很快就睡著，只是睡不久。憂鬱症老人的睡眠品質是所有人當中最差的。

為什麼睡眠和心智疾病有這樣的不良關係？我們不知道。雖然我們知道睡眠和情緒失調有密切關係，但是我們不知道這個關係的方向，是誰導致誰。幸好，這並沒有阻止研究者去找出原因來幫助我們睡得好一點，其中一位是已故的睡眠學家郝瑞（Peter Hauri）。

怎麼樣才可以睡得好

郝瑞博士是瑞士人，他的德國口音濃得像德國香腸，有著瑞士馬特峰（Matterhorn）般爽朗的笑聲和勞力士（Rolex）那樣精準的心智。他是移民到美國後才開始睡眠的研究，但是很快就闖出一番名氣。他曾多年擔任明尼蘇達州羅徹斯特市（Rochester）的梅約睡眠失常診所（Mayo Sleep Disorders Center，或譯為梅約診所睡眠障礙中心）的主任。

他的研究常常上報紙的頭條新聞。他建議人們不要用鬧鐘，如果睡不著就不要強迫自己去睡，這樣會更睡不著。他建議人們記錄自己的睡眠習慣，就像他們記錄每天吃了什麼東西一樣。他的看法最後被編成一本書《不再睡不著》（*No More Sleepless Nights*），曾多年是治療失眠必讀的寶典。

我把郝瑞的看法以及一些最近實驗的發現整理出來，列在下面，你需要視自己的情況略為調整。郝瑞是第一個提出這樣看法的人：每一個人的睡眠習慣都不同——「就像雪花似的」（**譯註：**

據說沒有任何一片雪花是相同的），我想他在說這句話的時候肯定眼神閃閃發亮呢。

1. 注意下午的活動

要想晚上睡得好，得從睡前四到六小時就開始注意。睡前六個小時不喝任何含有咖啡因的東西，也不准抽菸、喝酒。有人說喝一點酒才會好睡，但酒精其實是一種雙相分子（biphasic molecule），同時具有鎮靜和刺激兩種特性。一開始先愛睡，刺激的作用後面才發生。當你喝酒時，你花在速眼動睡眠和慢波睡眠的時間變少。運動反而使你好睡，只不過你要早一點運動。最近的證據顯示要確定有個好眠，你得早早開始留意生活習慣，不能等到睡前。

2. 創造一個睡眠的「專屬空間」

把家中的一個地方規劃成除了睡覺，什麼事也不做的地方，對大部分人來說就是臥室。不要在臥室吃東西、工作，不要放電視在房間裡，進入臥室就是睡覺（你可以在那裡做一兩個其他的活動，但是跟運動一樣，得早早做完睡覺以外的事）。

3. 注意溫度

人們在華氏六十五度（約攝氏十八點三度）時睡得最好，請確定你指定為睡眠中心的臥室氣溫是偏涼的。假如有需要，請放個電風扇，電風扇除了降低溫度之外，還有另外一個好處，它在轉動時會發出「白噪音」（white noise，譯註：聲音本來是沒有顏色的，為什麼說「白」呢？因為所有的光集中在一起成為白光，所以把人耳能夠聽到的 20-20,000Hz 的聲音集中在一起時就叫白噪音了），有助睡眠。

4. 建立一個穩定的作息時間

每天晚上在同一個時間進到那間涼爽的睡覺專用房間，每天同一時間起床，沒有例外。假如你一開始太晚睡，沒辦法睡足六或七個小時的話，請持續在同一時間起床，去重新設定你的作息時間。

5. 注意身體的訊號

假如可能的話，除非累了，不要去躺在床上。假如你半夜醒來了，不要在床上翻來覆去，好像在做奧林匹克翻滾比賽。如果在三十分鐘之內無法睡著，請起來去讀一本書（非電子書），尤其是很無聊的書。

6. 注意光線

白天請維持光線充足，晚上請把燈光轉暗。這是模仿我們祖先在非洲大草原時的天空，我們的大腦習慣這樣的模式。

7. 遠離藍光

我指的是筆記型電腦、電視、手機或任何會散發四七〇奈米光波的東西（470nm是藍光的波長）。有研究發現這個波長會使大腦以為是白天，所以就清醒了。這有演化上的關係，藍光是天空的顏色，大腦在演化的時候，只有在白天才會看到這個顏色。

8. 白天盡量找朋友聊天

憂鬱症跟睡眠的片斷有關，而社交活動是個強有力的抗憂鬱症藥。社交活動也為大腦帶來強大的認知負荷（cognitive load），讓大腦有工作可做，使它晚上時可以在睡眠的慢波中衝浪。

9. 寫睡眠日記

假如你有嚴重的睡眠問題，正考慮尋求專業協助時，這一點就很重要了。因為你去找醫生時，可以給他看你的睡眠日記，讓醫生快速了解你的情況。簡單版的睡眠日記只需要記錄幾時睡覺、幾時起床、晚上醒來幾次。詳盡版則可以上網找到範本。郝瑞的《不再睡不著》（暫譯，未有繁體中文版）書中也有許多你可以用的範本。

大部分的這些建議都有實驗的證據，許多來自郝瑞在梅約診所的研究。不過因為每個人的情況不一樣，這裡只選出最基本的幾項，還有很多環境的因素這裡沒有討論，例如讓人虛弱的病痛和基因等先天的問題。下面是一個我特別想提出來的議題：失眠（insomnia）。

在郝瑞過世前幾年，有一個用來幫助失眠老人入睡的詳細計畫表（protocol）在進行測試，這是由匹茲堡大學（University of Pittsburgh）所研發，叫做短式失眠行為治療法（brief behavioral treatment for insomnia）。

這個治療法很簡單，研究者先從每一個老人家身上取得他們的睡眠基準線（sleep baseline），他們採用的行為和生理反應評估包括活動記錄檢查（actigraphy，在他們身上配戴感應器以記錄行為活動）以及睡眠多項生理檢查（polysomnography，包括記錄腦波、心血管活動等等）。接著，實驗者給老人家上課，告訴他們睡眠是怎麼回事，包括日夜相對歷程理論，最後告訴他們這個研究的作業：

一、他們要減少在床上的時間（但以六個小時為下限）。

二、他們要嚴格遵守每日的行程，每天固定時間起床，即使前一晚沒有睡好也一樣。

三、沒有睡意以前不要上床，不管時間是幾點鐘。

四、假如他們沒有睡著，不要在床上輾轉反側。

教這些大約花一個小時，兩個禮拜後，再來三十分鐘的「復習課程」。在這期間，實驗者會打兩次電話給老人家，確定他們都有照著規矩做。第四個禮拜回到實驗室再做一次測驗。

這樣做的目的是打破他們過去失眠的習慣，照表操兵，重新建立好習慣。

這看起來沒什麼了不起，但實際去做了以後，百分之五十五的老人家在四週結束後不再失眠，那代表的是完全緩解（**編按：疾病的緩解期指症狀舒緩或消失的一段期間，完全緩解指症狀幾乎消失，部分緩解指症狀大為改善**），各位，他們原本都是失眠的情況非常嚴重的老人家。而且六個月以後效應還在，百分之六十四的人仍然保持好的睡眠狀態，百分之四十的人仍然維持在緩解期。很有趣的是這些老人並沒有經過精神科醫生的諮商，也沒有服安眠藥（這是明智的做法，對老人家而言，常見的安眠藥往往副作用強大，然而睡眠的改善也只有好一點而已）。

這個臨床實驗的詳細計畫表顯示了我們一再強調的道理：**改變生活型態就能對抗老化的負面影響**。改變生活型態就是永久改變生活習慣，所以假如能按照這裡的建議嚴格執行，就會有長期、令人振奮的結果。

到現在為止，我們談了改進生活品質、甚至延長壽命的方法。假如死亡離你只是十年或二十年的光景，那麼你一定想過這個問題：你能停止老化的歷程嗎？你可以給它開張超速罰單、叫它慢下來，甚至停止嗎？我們下面就要討論長壽的方法，在這過程中，我們要最後一次告訴你，科學不是科幻小說。

總結

思考要清晰，先要睡得飽，但不要睡太多。

- 科學家並不知道你每天晚上需要睡多久才夠，我們也尚未完全知道為什麼你需要睡眠。
- 睡眠週期來自於兩股力量的不斷拉扯：荷爾蒙和大腦區域一方面爭相使你清醒，一方面又促使你去睡覺，不停地在角力，這個叫相對歷程理論。
- 科學家發現睡眠跟恢復體力沒有很大關係，反而跟記憶的處理和大腦廢物的清除有關係。
- 當你年紀漸長，你睡眠的週期變得破碎，尤其是清除大腦毒物的那個階段。

Part 4

未來的大腦

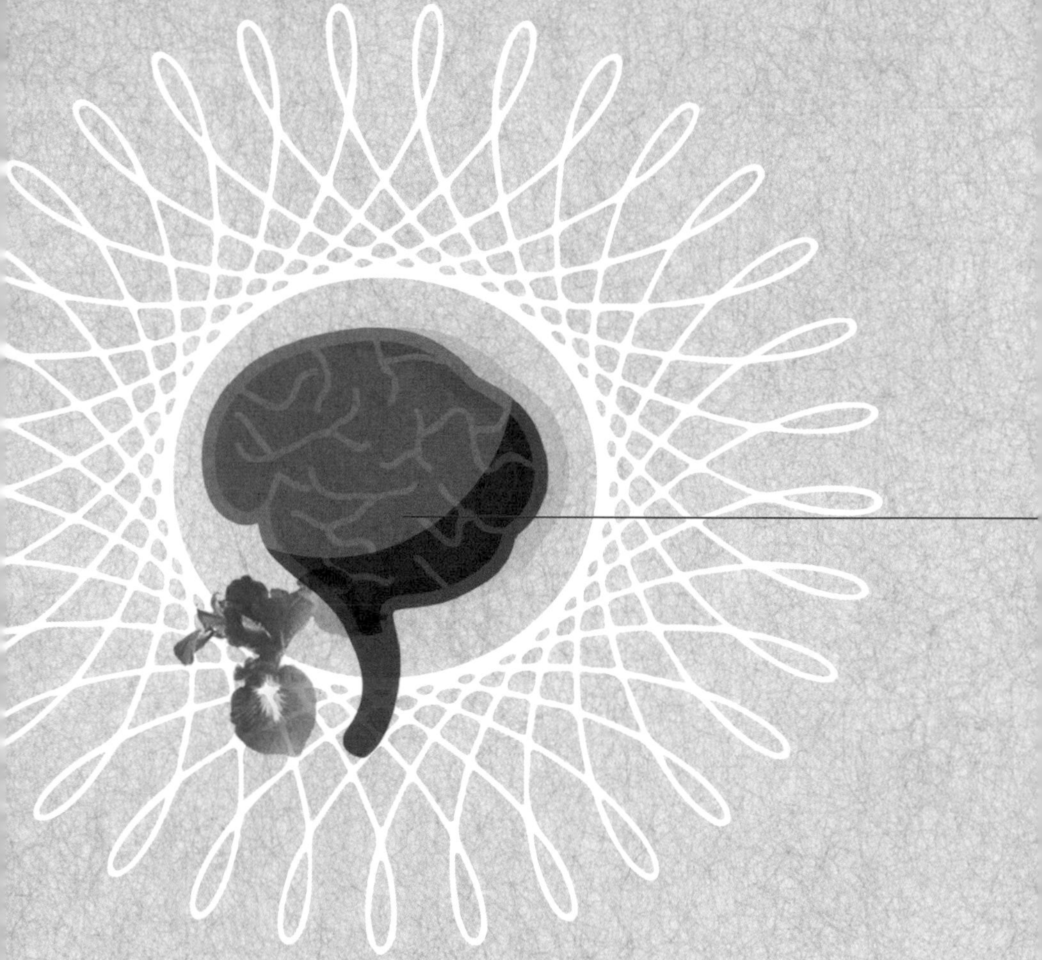

Ch. 9

你的長壽

大腦規則

你不能永遠活著，至少現在還不能。

那些不知道星期天下午如果下雨該怎麼打發自己的人，卻希望自己長生不老。

~英國小說家蘇珊．厄茲（Susan Ertz）

我不希望我因作品而永垂不朽；我希望透過不死而長生不老。

~伍迪．艾倫（Woody Allen）

你知道那些上了年紀還精力充沛的隔壁鄰居，那些八十歲的老人家，住在獨立的房子中，剪自己的草皮，開朗又隨和，他們的心思很簡單，你差不多從外太空就可以看到他們在想什麼。這些我們叫做「超級老人」（super ager），他們不去想自己的年齡，行動也不像他們的年齡。當你測試他們的記憶時，他們的分數比較像五十歲而不像八十歲，他們也比一般老人活得更長。

從這些超級老人身上，我們可以學到什麼長壽的道理呢？我們更想知道的是，這個「長」能有多長？幾百年來，研究者與狂想家都在思考這個問題，但是到現在還不知道答案。

例如，有人將他們的頭低溫冷凍保存，希望有一天科學可以進步到：一、解凍他們的頭，且毫髮無傷。二、重新恢復他們的意識。還有一個人參選二〇一六年的總統時，提出了「長生不老」的政見，他把他的宣傳車裝飾成棺材的樣子，上面漆著「長生不老專車」（Immortality Bus），巡迴美國拉票。這個候選人解釋道：「我非常相信下一次民權辯論的主題會是超人類主義（transhumanism）：我們應不應該用科學和科技去克服死亡，使人類變成一個更強壯的種族？」作為一個科學家，我對這個人對科學的信心感到榮幸，但是他可能期望太高了。

如今我們對於為什麼格陵蘭鯊（Greenland shark）可以活五百年而我們只能活一百年，其背後的生物機制有了更進一步的了解。科學家在實驗室裡操弄著可能影響動物老化和長壽的所有變項，已經相當成功地延長了這些動物的生命。也有非科學家用不入流的研究愚蠢的宣稱可以長生不老。但他們忙了半天，也不全然與真相沾上邊。在本章裡，我們來看看科學的進步。

第一，我要講清楚一件事，老化不是疾病，就像青春期不是病一樣。它是一個自然的歷程，但是人們對這個歷程有很大的誤解。人不是死於變老，人死於個別生物歷程的失能（對大多數人來說，比較脆弱的地方是心血管系統），因為人在這個星球上已經活太久了。這就難怪科學家不認為年老是病，你也不會看到科學家致力於「治癒」年老。他們不是去找為什麼人體會出問題，而是去找為什麼人體不會出問題。

只不過換個方式問，答案卻變得非常有趣。

不知為什麼，大部分這方面比較好的研究都是英國人做的。這種長期的縱向研究其實很昂貴，要追蹤一個人從出生到現在，追蹤每一件事，從生理狀態到他們的心智狀態。有一個研究叫做「國家健康和發展調查」（National Survey of Health and Development），從一九四六年起追蹤五千個人的生命歷史，就像電視廣告那隻永不斷電的勁量兔寶寶（Energizer Bunny）一樣，到現在還在進行。另一個是「國家兒童發展研究」（National Child Development Study），追蹤一九五八年在英國出生的一萬七千名嬰兒的生命歷史。還有一個更大的研究是「千禧年世代研究」（Millennium Cohort

Study），追蹤二〇〇〇到二〇〇二年出生的一萬九千名嬰兒。這表示英國每個家庭中就有一個嬰兒是他們研究的對象。

從這些研究中，我們看到清楚的型態浮現，有個一致性的發現跟前面提到的那些活力充沛的隔壁鄰居有關。

研究者用非侵入性的造影去看這些超級老人的大腦，得到驚人而且一致的發現，他們的大腦一點都不像八十歲的人，他們的皮質仍然很厚而且活躍，尤其在前扣帶迴（anterior cingulate）的地方，這個地方跟認知控制、情緒調控和意識經驗有關。這些改變表現在外成了可以測量得到的行為。科學家叫這種人「人瑞」（wellderlies，**譯註：這個字形容九十到一百歲、不曾有過任何重大身體毛病的老人家，目前沒有一個適當的中文名稱**）。

他們認知的表現顯然有基因上的關係，例如在一九三二年，有個蘇格蘭的研究去測試孩子十一歲時的智商，然後到他們七十七歲時再測一次。結果發現老人的認知表現只有一個因素可以預測，就是他們一九三二年時的智商為多少。這個研究者是個遺傳學家，他說：「參加者十一歲時的智商可以預測他們七十七歲時百分之五十的智商變化。」這表示在青春期時測量的智商可以準確預測六十年後的表現，這真是很驚人。其他的變項都差得很遠：外在的活動不行，教育的程度也不行，身體的活動也不行，沒有一樣可以準確預測，除了十一歲時的智商。

那麼長壽也一樣深植於我們的DNA中嗎？有些研究者說「是的」，但是只敢小小聲說。好幾個研究發現：一、長壽跟好幾個基因有關（我們稱為「多基因」〔polygenic〕）。二、這些基因可能有階層性，有些基因比較具有主導地位。總而言之，影響你預期生命的變項有百分之二十五到三十三取決於你的父母是否長壽。那些沒有重大疾病的人瑞有特別強的基因，假如你有很多百歲人瑞的親戚，你將來也很可能是人瑞。

但是這對我們其他人來說，又是什麼意思呢？有人瑞存在這個事實，以及某些特質可以不分年齡維持穩定，給了研究者一個理性的基礎去問：到底是不是真的有青春之泉（Fountain of Youth）？假如能找出為什麼有的人可以活這麼長的祕密，或許就可以延長其他人的壽命。這項非凡的功績目前在實驗動物身上做到了，而且事實上沒有那麼難。

「我還沒死」基因的聖杯

我不知道英國著名喜劇團體蒙提派森（Monty Python）知不知道這件事，但是有個基因是以他們的表演而命名的。這個淵源來自電影《聖杯傳奇》（*Monty Python and the Holy Grail*）中的一場戲，有一名黑死病患者正要被拖出去城外埋了，他大叫「我還沒死！」（I'm not dead yet!），於是大家就停下來討論他死了沒有，而且他本人還一起討論。劇情先講到這。我們要討論的這個基因最初是在果蠅身上找到的，它真的延長了果蠅的生命。

這個基因是哈芬（Stephen Helfand）分離出來的，但是沒有羅斯（Michael Rose）一九七〇年代的典範研究也是不可能，而這跟性有關。天擇會對已經不再交配的動物失去興趣，羅斯把這件事看得很認真，所以他問：假如你不讓一群果蠅交配，直到牠們年屆高齡，會怎麼樣？（果蠅的生命大約是五十天，所以很快可以得到答案。）只有那些夠強壯可以活下來的果蠅才能把基因傳到下一代，但是那些果蠅又不能交配，就不能貢獻牠們的卵。假如你對好幾個世代都用這種「年齡選擇」（age selection），最後能不能得到可以活得更久、還有生殖能力的老果蠅呢？羅斯只需要等待十二個世代就可以得到答案。他所選擇的果蠅**真的**活得更久了，他把他最後創造出的果蠅叫做瑪土撒拉果蠅（Methuselah flies，**譯註：Methuselah 是《聖經》中提到最長壽的人，據說他活了九百六十九歲，跟我們的彭祖一樣高壽**），牠們一般都可以活到一百二十天。

這些數據像根火柴似的點燃研究的引信，進展得相當猛烈，研究如何延長壽命的實驗越來越複雜，也更加艱難，蒙提派森正是在這個時候參上一腳。科學家最後發現昆蟲中的一種基因只要突變就能延長壽命，不需等十二個世代。這個基因被命名為「我還沒死」基因（Indy gene），即「I'm not dead yet」之縮寫，對長壽基因來說，這個名字倒是非常恰當，天才得很。

果蠅並非研究者成功變成聖經人物的動物，現在你可以把很多實驗動物變得跟果蠅一樣長壽，包括從酵母菌到老鼠。老鼠最重要，因為牠們不只是脊椎動物，還是哺乳類，跟我們一樣。

老鼠的研究開始於晚餐，或更正確一點的說，缺乏晚餐。科學家觀察到限制卡路里的老鼠活得較久，正常餵食的反而短命，我們在〈你的食物和運動〉那一章有討論過，於是研究者假設跟生長和新陳代謝有關的基因應該與長壽有關。一般來說，老鼠的壽命是兩年，研究者當時心想，假如能找到這些基因，老鼠說不定可以活得更長。

因為已經有「基因剔除」（gene knockout）的技術，所以他們可以去試驗這個想法。透過這種技術，研究者可以創造出一隻實驗老鼠，各方面都跟其他老鼠一模一樣，唯獨讓一個基因的功能異常，也就是被「剔除」。這回研究者鎖定的是管生長荷爾蒙感受體的基因，而這隻老鼠就隨隨便便被叫做 GHR-KO 11C。這隻老鼠活過了牠的兩歲生日還繼續存活，等到牠過完四歲生日時，實驗者知道他們是對的，找到一個很特殊的基因了，但是他們還不知道這個基因能有多特殊。GHR-KO

IIC又活了將近十二個月，快到五歲生日前過世了，老鼠的五歲等於人類的一百八十歲。

現在研究者知道如何延長很多實驗動物的生命，其中有一種線蟲名字很拗口，叫做秀麗隱桿線蟲（Caenorhabditis elegans），研究者從牠身上獲得驚人的成果。他們發現如果 age-1 這種基因發生突變，可以把牠的生命延長到二百七十天以上，這真不可思議，因為牠們平常只能活二十一天。假如這種動物是人的話，就等於活了八百年（**譯註：跟彭祖一樣了**）。

但是不管這些怎麼令人驚奇，跟癌細胞比起來還是差得遠了。

海拉細胞

假如有人告訴我，我在博士後所研究的癌細胞後來會得到歐普拉青睞（**編按：歐普拉於二〇一七年主演了同名原著改編的HBO電影《海拉細胞的不死傳奇》〔The Immortal Life of Henrietta Lacks〕，描述該細胞的來源海莉耶塔·拉克斯的故事，揭發一段醜陋的醫學內幕，此書之中文版現則譯為《改變人類醫療史的海拉》**），還會動搖美國國家衛生研究院（National Institutes of Health）的領導地位，引發一場牽涉到全球頂尖研究期刊的官司，我一定不會相信。假如我告訴你這些細胞其實是來自一個婦女，她在我出生前就死亡了，而這些細胞卻還繼續在分裂，而且力道之強、分裂之快，使我們必須把它們和其他細胞隔離開來，免得它們去汙染其他細胞，你可能也不相信我。然而，這是千真萬確的事。這個細胞叫做海拉細胞（HeLa cells），是世界上最有名的人類組織之一。

海拉細胞的主人叫海莉耶塔・拉克斯（Henrietta Lacks，HeLa 即取其姓名之前兩個字母），她的出身和歐普拉一樣卑微，是維吉尼亞州（Virginia）的菸草田女工。她最後幾年搬到馬里蘭州（Maryland），在那裡被診斷出子宮頸癌，最後死於這個癌症。醫生在治療她的過程，未經告知與同意，從她身上取了癌細胞的樣本，並發給其他的研究者。因為沒有告知也未獲得許可，所以後來打了官司。這些研究者把她的細胞放在培養皿中——稱為組織培養（tissue culture）——想知道癌細胞是怎麼肆虐的。

拉克斯死於一九五一年，但是她的細胞卻繼續活著。這些細胞與其他培養的細胞不同，不但存活，還不停的生長、分裂，到現在仍然在生長分裂。這是為什麼我當時一個年輕的科學家，得以在幾十年後有機會利用到這些細胞。它們真是相當的頑強，實驗者把它們冰凍、解凍，讓它們分裂，寄給其他的科學家，妥善照料之下繼續生長、分裂。我知道這聽起來很像科幻情節，但是科學家說海拉細胞已經是長生不死了。我們現在知道許多人類的細胞可以長生不死，只要你願意把它們變成癌細胞。

是的，長生不死，所以你可以想見研究者正卯足全力在找出其中的原因。

倒數計時的端粒

科學家果然發現了一個祕密，這個發現有一部分是才智過人的老年研究傳奇人物海佛立克（Leonard Hayflick）的功勞。他是第一個人指出培養中的健康細胞會死亡是因為細胞中有個會計師，也就是計數器，會持續計算這個細胞已經分裂了多少次，一旦跨越了分裂的上限，這個會計師就會告訴細胞停止分裂，這個細胞就會開始衰老、死亡。這個分裂次數的上限就叫做海佛立克上限（Hayflick limit）。

這個會計師就跟國稅局的查帳員一樣的精明。即使你讓細胞生長一陣子，把它們冰凍，然後解凍繼續分裂，它們還是記得上次數到哪裡了，從那邊算起，不會從零開始重新計算，所以海佛立克把這個會計師稱為「複製錶」（replicometer）。

海佛立克的研究開啟了一扇新的大門，衍生出一連串的疑問。那些永遠不死的細胞是因為它們的複製錶出了問題嗎？假如我們可以把這個複製錶分離出來，是否就能夠找到長壽背後的分子基礎？

這個複製錶的確被分離出來了，而且使科學家贏得了諾貝爾獎，只不過不是海佛立克本人，而是隔著舊金山灣的同事。其中的原理是什麼？請稍安勿躁，讓我給你上一堂生物概念課，你可能自高中畢業後就沒有再去碰它，這對複製錶的理解很重要。

我們前面說過，細胞核裡面的DNA寫著你的生命史，可分成四十六「卷」，每一卷叫做一個染色體（chromosome）。在細胞生命的某一個時期，這四十六個染色體看起來像個X字母，而細胞核看起來就像一碗字母湯，只不過裡面的字母都是X。

染色體的尖端對細胞的生存非常重要，它們是由DNA和黏稠的蛋白質組成的，這個結構叫做端粒（telomere）。端粒上的DNA由許多無限重複的片段組成，蛋白質則阻礙了一種非常重要的功能，我們馬上就會討論到。

就像所有的生物都希望繁殖一樣，細胞也想複製、繁殖，只不過它們是無性生殖，這個歷程叫做有絲分裂（mitosis）。一開始時，一個細胞先複製它的DNA，即複製它的染色體，於是小小影印機就開始工作，沿著每一條染色體的縱軸掃描，如實地複製出一模一樣的來。然後細胞會從中間把自己分成兩半，產生子細胞，兩個子細胞都含有一組跟原來一模一樣的遺傳訊息。

整個複製過程只有一處相當棘手。當複製到染色體的頂端時，會碰到黏稠的端粒，就卡在那裡，無法複製最後一點點DNA。那怎麼辦呢？這台影印機只好放棄任務，所以最後一點的DNA就沒有被複製到。這種情況就像影印機卡紙一樣頻繁，在所有的染色體上都會發生，而且每一次細胞複製都會發生。因為有的細胞是每七十二小時複製一次，端粒就一週一週地變得越來越短。研究者現在知道這種連續性的縮短就是，「死亡之鐘」，當端粒縮短到一定的程度時，細胞的死期就到了。

這種倒數計時的現象構成了海佛立克上限的基礎，是複製錶的一部分，很可能解釋了為什麼我們在地球上的日子有限。

援救馬上來（但成效不彰）

細胞自己知道這個死亡之鐘分分秒秒在走，就像死囚在監牢中知道去日無多一樣。此事非同小可，你可能會想，細胞難道不會想出什麼制衡的法子來阻止這個死亡的端粒侵蝕嗎？你是對的。許多細胞握有一種酶（enzyme，這是蛋白質的「動詞」名稱）叫做端粒酶（telomerase），它唯一的責任就是找到染色體終端的殘缺，把端粒修補延長，好像「義肢」一樣，填補端粒失去的DNA序列。但是端粒酶和聯邦政府一樣沒效率，所以大部分細胞還是會因為死亡之鐘而凋零。這其實也是好事，要是端粒酶一看到染色體端粒殘缺就馬上補好，細胞就收不到「時間到」的信號，會無限制的一直分裂、複製，沒完沒了，只要仍有足夠的養分，就永遠不會死。它們變得長生不死，而我們對這種沒有控制的細胞複製就叫做癌症。現在你知道為什麼我可以在拉克斯死後超過五十年，還能用她的細胞做研究，癌症讓細胞死亡變成非必然的一件事。

我剛說過，你可能要感謝大部分的細胞不允許端粒酶無限制的補救（有些細胞裡甚至沒有端粒酶），然而結局就是細胞死亡、組織死亡，最後連你也死亡。這就產生了一個奇怪的事實，從生化生存的變態邏輯來看，死亡其實是大自然使你不得癌症的方式。

有一段時間，科學家認為端粒酶是解開長壽之謎的鑰匙。當它的功能最初被發現時，很多人都認為，假如我們一直研究它，時間久了就有可能延長壽命。但是這個想法從來沒能證實，我們得到的只是更多的癌症。

了解端粒和端粒酶是很重要的事，布萊克波恩（Elizabeth Blackburn）等人拿到諾貝爾獎就是因為發現了其中的奧祕。長壽和端粒酶的確可能有一些我們還不知道的關係，但是談到長壽的複雜性，我們完全沒有任何方法可以透過基因使我們活到五百歲，我們到現在還在致力於如何使人活過一百歲。

長壽基因

歷史學家吉朋（Edward Gibbon）讓我們明白了複雜性才是關鍵。他小時候體弱多病，長大後唯一的戀愛又被父親嚴厲阻止（**譯註：他十歲喪母，父親是英國國會議員，他有一句名言：「作為情人我只能嘆息，作為兒子我只能從命。」**〔I sighed as a lover, I obeyed as a son.〕），他只好忘卻當下的痛苦，把精力用到過去的歷史上，而且是久遠的過去。他成了羅馬歷史專家，約當於美國獨立戰爭（一七七五至一七八三年）發生的同時，他出版了多卷歷史鉅著，最有名的一部著作就是《羅馬帝國衰亡史》（*The History of the Decline and Fall of the Roman Empire*，共六卷，於一七七六至一七八八年間陸續出版）。他的中心思想是羅馬帝國不是馬上就滅亡的，不是一次帝國性的心臟病發，倒地就結束，而是像腦溢血，有幾千個政治社會上的小洞在滲血，累積到最後而倒下。這些小洞包括了集體的自我中心（羅馬市民失去了公民道德〔civic virtue〕）、軍隊的衰弱（大量僱用外籍傭兵來打仗，為錢打仗的人是不會為國賣命的）、基督教的興盛（人民放眼於未來生活的改善，使他們對現在生活漠不關心）。這些文化的小傷口，在他的看法裡，最後使當時最大的帝國之一慢慢失血，直到血盡而死亡。

而使我們老化和長壽的因素，就像吉朋的中心思想一樣，都是累積的。我們的衰弱和死亡來自許多隨機偶發的敗程的累積，這些敗壞歷程又被長壽基因的累積作用所抵銷，其中可能包括端粒酶在作用，然而成效不彰罷了。

我下面想介紹幾個（還有非常多個）對長壽舉足輕重的基因：抗衰老基因（sirtuin，去乙醯化酶，也稱為長壽基因）、第一型類胰島素生長因子（insulin-like growth factor 1, IGF-1）、mTOR 信號通路（mTOR pathway，mTOR 即 mammalian target of rapamycin 哺乳動物雷帕黴素靶蛋白）。

抗衰老基因（sirtuin）

這個名字很像貴族的蛋白質家族，假如成員過多時，可以延長酵母、線蟲、果蠅和老鼠的生命。例如，產生過量抗衰老基因的老鼠比較可以抵抗傳染病，身體的耐力比較好，整個身體器官的功能也比較好。

就算你不是老鼠，也有好消息要告訴你。你不需要依賴基因工程強迫抗衰老基因過度生產，攝取下面這些聽起來不像英文的生物化學物質也有幫助，如查耳酮（chalcone）、黃酮（flavone）、花青素（anthocyanin）和白藜蘆醇（reservatrol），前三個在水果、蔬菜中可以找到，最後一個在紅酒中。科學家猜測地中海飲食和麥得飲食之所以在抗老化上卓有成效，除了它們充滿蔬菜之外，或許也跟他們吃飯配葡萄酒有關，他們都是用葡萄酒把食物沖下肚的。

第一型類胰島素生長因子（IGF-1）

這個基因是用數量過少來延伸壽命，和抗衰老基因不同，你的IGF-1越少，就活得越長。請注意，我用的是「你」，因為這個發現在人類身上很常見，發現這個現象的第一篇論文，題目就叫做〈低濃度第一型類胰島素生長因子可預測人類之特別長壽〉（Low insulin-like growth factor-1 level predicts survival in humans with exceptional longevity.）。

後來的研究顯示這種生命的延長，就如美國《教育修正案》的第九條（Title IX）一樣，是有選擇性的。少量的 IGF-1 可以預測女性的長壽，卻不能預測男性的，除非一個不幸的情況：假如這名男子已經有癌症史。只有在那個情況下，IGF-1 的減少才會對兩性平等。由於它叫做「生長因子」，過多會導致癌症也就不稀奇了。

mTOR 信號通路（mammalian target of rapamycin pathway, mTOR pathway）

最後一個很有趣，一來是它的結構，請注意它被叫做「通路」（pathway），二來是它的細胞工作定義。這個通路其實是一組蛋白質分子，功能有點像維他命，又有點像精神科醫生。mTOR 促進生長（這是維他命的功能），但是同時可以對抗壓力（這是精神科醫生的功能），減低這個通路發信號的能力，會抑制這兩個功能，不知怎地卻延長了實驗動物的壽命。它和抗衰老基因一樣，是對我們有健康益處的朋友：它可以增強免疫系統的功能，停止跟年齡有關的心臟能力下降。

最近，研究者發現一個方法可以減少這個信號通路的活動，而且不需要透過基因工程，只需要吞顆藥丸。是的，你沒看錯。現在有一種藥丸，實驗動物吃下就可以延長生命，其中的活性成分是雷帕黴素（rapamycin，**譯註：Rapa 為雷帕島，是復活節島的另稱，由於這種成分首次被發現於復活節島的土壤細菌中，故得名**），是壓抑免疫系統的抗生素，它同時兼有抗癌症的功能（這裡又是那個討厭的癌症／長生不死兩者之間的關係）。雷帕黴素和 mTOR 信號通路的互動特別強，可以延長母鼠約百分之三十的壽命。

不老的藥丸？

雷帕黴素不是唯一被研究的藥丸，二十一世紀也不是唯一想到用攝取化學物質來永保青春的世紀。《時代》雜誌的記者法布利（Merrill Fabry）為這項延年競賽建立了一個歷史年表。在古梵文中有一段記載，只要吃奶油、蜂蜜、金子和一些樹根磨成粉的混合物，就可以延長壽命，而且必須在早晨沐浴過後立刻吃。傑出如英國的培根爵士（Sir Francis Bacon）也認為沐浴可以延長壽命，不過同時要吸食鴉片才有效。吉爾勃特．戴維斯醫生（Charles Gilbert-Davis）在一九二一年寫說，給病人靜脈注射少劑量的鐳（radium）有意想不到的效應。但鐳正是一種致癌元素，它殺死了它的發現者居禮夫人（Marie Curie）。居禮夫人死於再生障礙性貧血（aplastic anemia），因為她習慣把鐳放在口袋裡。

有些古人認為要長生不在於吃什麼，而在於用什麼來吃。中國古代有一個煉金術士建議漢朝皇帝用金子打造的食具，這個金子必須是從辰沙（cinnabar）中提煉出來的，很不幸，這個條件是個雙面刃，因為辰沙同時含汞，是有毒的。

雖然這些建議在我們現在看起來都很愚蠢，但是如果漠視老祖宗的看法也有風險要擔，因為其中有些後來被證實有價值。許多二十一世紀的研究者仍然在競相研發長壽的藥物，我下面列出幾個很有名的藥物，都是知名實驗室正在研究或是大藥廠正在販售的藥物。他們都想在長壽的競爭中勝出，因為如果成功了，獎金可是數以萬億。

Metformin（二甲雙胍／每福敏）

這個藥物說明了在科學上，運氣真的很重要，因為美國食品藥物管理局（Food and Drug Administration, FDA）最初批准此藥上市是為了治療糖尿病。許多年前，一群研究者在進行流行病學研究、追蹤每福敏的長期副作用時，注意到一件奇怪的事，服用這個藥物的人活得比沒有糖尿病的控制組長，他們也比較不易中風和得心臟病，這些可能跟長壽有關。他們認知功能的下降也緩慢很多。更多的研究發現原來每福敏作用在細胞的粒腺體（mitochondrion）上，粒腺體是個很小的結構，作用像電池，提供細胞動力。每福敏可以延長人類壽命的這個特性，目前正在密集的研究當中。

Montelukast

這種藥物與其說是全身（whole-body）的長壽藥，不如說是全腦（whole-brain）的長壽藥，它對於防止老鼠跟年齡有關的認知功能衰退有很大的效用。動物也會有失智症（是的，牠們真的會），研究發現 Montelukast 幾乎可以完全恢復動物的認知功能，因此作為大腦的抗老化藥物應該可行，研究者當然就想測試它對神經退化症有沒有功效。它的作用在鎖定白三烯（leukotriene）這種生物化學物質（**譯註：當人吸入過敏原如花粉或動物毛髮後，身體會釋放出白三烯來使呼吸道發炎腫脹，阻止空氣經由氣管進入肺部，因此導致氣喘發作**）。它為何能延緩認知功能退化，完全沒有人知道。

Basis

有一個藥物得到很多媒體關注，是由 Elysium Health 公司所上市，之所以引起這麼大的注意，是因為該公司的顧問團裡有六位諾貝爾獎的得主。這個產品是一個藍色小藥丸，叫做 Basis，主要成分是藍莓萃取物。

Basis 的活性成分來自一種天然的生物化學物質，叫做菸鹼醯胺腺嘌呤二核苷酸（nicotinamide adenine dinucleotide, NAD），這種物質可以延長老鼠的生命。你還記得那個叫做抗衰老（sirtuin）的長壽基因家族嗎？NAD 就是登錄在 sirtuin 基因上的蛋白質的成分，它使某些新陳代謝歷程能有效運作。很不幸的是，NAD濃度會隨著年齡而下降。假如能提升它的濃度，就可以延長壽命嗎？目前沒有人知道。它現在是以營養補充品而非以藥物的名義上市，好避開美國食品藥物管理局的規範，這也使一些科學家對它宣稱可以抗老化不以為然。憑良心講，Elysium Health 公司的高層也沒這麼說，他們只說它是「促進細胞健康」。畢竟老化不是疾病，所以不算是藥。唉！這些在研發抗老化藥物上面所做的努力，還有很長一段路要走。

歃血為盟

許多古老文化相信可以透過生理輸送的方式，讓老人汲取年輕人的活力，使他們返老還童，重振雄風。法布利那有趣的歷史年表上便記載，古羅馬的癲癇患者會喝競技場鬥士的血，如此不僅可抑制癲癇發作，亦能使身體強壯、比較有活力。一千年以後，文藝復興時的教士費奇諾（Marsilio Ficino）建議老人喝年輕男子（不需要是競技場鬥士）的血以重返青春。三百年後，一名德國醫生建議老人家躺在年輕女孩的旁邊，不必喝血，也不必性交，只要躺著就可以吸取其青春活力。

當然，上述那些都沒有用，沒有人可以活好幾百年。但是這並沒有阻止當代的科學家去探索年輕的身體有什麼特別的東西是老人家所沒有的，假如這個東西可以被分離出來，那麼把它加回老人身上，老人就可以重返青春了。

這個想法其實是有一點科學道理的，至少在理論上是。早期的做法來自一個實驗的技術，叫做聯體生活（parabiosis，又稱駢體生活、異種共生），用手術將兩種生物的血管連在一起。做法是先各自切一小塊皮膚下來，再把雙方暴露的傷口縫起來，它們的微血管在傷口癒合時就會連在一起，然後互享血液。而老人科學版本的連體生活，則是把老的和年輕的動物用這個方法連在一起，研究它對老動物的作用。這種做法跟前面提到的費奇諾的想法沒什麼兩樣。

實驗的結果顯示費奇諾的想法好像不無道理。實驗室中的老老鼠的肌肉有強壯一點，心臟有健康一點，幾乎所有受測的器官包括大腦都發現正向的改變。

一個最有名的大腦聯體實驗——有名是因為它成功了——來自史丹佛大學魏斯科瑞（Tony Wyss-Coray）的實驗室。在把兩隻老鼠連在一起，並讓牠們的血液混合循環一陣子後，他觀察到老的老鼠大腦在結構和功能上的顯著改變。尤其是海馬迴，他觀察到樹狀突的密度和突觸的可塑性有增加。魏斯科瑞的實驗室進一步研究，發現關鍵在於供血方的血漿（plasma），於是將年輕老鼠的血清注射入年老老鼠的體內。他們發現老老鼠的學習能力有了年輕化的改變，牠們在恐懼制約的能力、記憶的技巧和空間的能力都有改善。他認為老老鼠變年輕了，他在《自然醫學》（*Nature Medicine*）期刊上發表了論文，寫道：「我們在這裡報告，將年輕老鼠的血液輸入年老老鼠的體內，可以在分子、結構、功能、認知程度上中和及反轉大腦先前老化的效應。」

這是相當大膽的說法，魏斯科瑞把這個實驗解釋成「重新啟動老化的鐘」（restart the aging clock），他也毫不避諱地用「回春」（rejuvenation）這個字來形容該實驗的成功。他的信心使得現在研究已進入人體的臨床試驗，把年輕人的血漿注射到阿茲海默症病人的身上，現在他們正在等待評估。

科學界對此舉維持懷疑的態度，並不是每一個人都同意這個解釋。哈佛大學的科學家魏格斯（Amy Wagers）也曾做過相似的跟年齡有關的聯體實驗，她認為魏斯科瑞用「回春」的字眼太過頭了。她在《自然》期刊的訪問裡說：「我們不是把年老的動物返老還童，我們是恢復牠們的功能。」她認為年輕的血液只是幫助老年人的修復系統提升效能而已，使系統能再工作。我們前面談過，人老了以後，這些系統勢必會衰退，造成許多嚴重的老化問題。

死亡沒有出口，但求一路平順

從基因到藥物到換血，我們如何來解釋這些努力？科學的進步的確令人驚異，但是實驗室的驚異跟外面真實世界的實際操作是兩個非常不一樣的事情。是否能夠找到青春之泉，目前我們還沒有足夠的知識保持樂觀。這些數據的趨勢並不明朗，相關議題亦錯綜複雜，所以可能要好久以後才會趨於明朗。從研究的觀點來說，我們正面對兩個不同的議題：長壽（longevity）和老化（aging），而這兩個都不能使我們不死（immortality）。

以長壽基因的研究來說，研究者在實驗動物身上得到很大的成功，延長了牠們的壽命，但是在人類身上，我們所得到的卻不是長壽而是癌症。

大部分的藥物研究——包括所有的聯體研究——都是有關老化，這是一個不同的歷程。改善因隨機失能的修復系統所造成的損壞，當然會使我們的老後生活比較舒適，甚至可以治癒阿茲海默症，但也不能使我們長生不死。死亡之路沒有出口，長生不老專車終究還是得悲哀地開往這條殘酷的公路。

但這不代表我們完全沒有希望，或者說我們需要對老化歷程悲觀。我可以很肯定地說，在人類的歷史上，從來沒有任何時候像現在，是變老最好的時候。如各位目前為止所讀到的，我們可以做很多事，使老化的歷程盡可能平順，我們下一章就要來談這種希望和樂觀，也是我們最後要討論的部分。

我們要來看退休後的理想生活應該是什麼樣子，而且當今最長壽的人類就是這樣過日子的。

總結

你不能永遠活著，至少現在還不能。

- 老化不是疾病，它是一個自然的歷程，人不是因為老化而死亡，人死於生物歷程的損壞。
- 基因在預期生命的變異上佔了百分之二十五到三十三。
- 海佛立克上限是一個門檻，達到這個上限細胞便不再分裂，因而細胞開始衰敗，最後死亡。

Ch. 10

你的退休

大腦規則
永遠不要退休，而且一定要緬懷往事。

盡量在年輕時去死，但是最晚越好。

~人類學家艾胥利・蒙塔谷（Ashley Montagu）

事情都不是過去的樣子，其實根本沒有過去的樣子。

~威爾・羅傑斯（Will Rogers）

電影《魔繭》（*Cocoon*）對老年有很有趣的看法，劇本有一點外星人遇上老人院的味道（我大概可以想像製片在開前製會議時的景況）。這部電影的導演是童星出身的朗・霍華（Ron Howard），不僅票房亮麗，影評也給予極高的評價，拿下兩項奧斯卡，包括最佳男配角獎。

電影開始時，三個穿著泳褲的老先生從養老院中間穿過，我們看到典型的場景：坐在輪椅上的老人、扶著助行器走路的老人、替不需臥床的人開的運動課、眼神空洞的男人和女人。這三個人走過一名急救中的臥床老人，旁邊急救團隊在那裡大呼小叫，忙著插管、吊點滴……而三人趁亂走出了大門。

他們偷偷溜進隔壁的游泳池，原來這裡有股神祕的力量，能使他們變得年輕、有活力。他們下水游了一、兩回後，表現得好像剛剛注射一罐紅牛（Red Bull）到身體裡面一樣。但是這不僅是心理上的提升，其中一個人發現他的視力變好，而且好到可以開車，另一個人的癌症奇蹟的消失了。這部電影感人的地方在於三個老人的蛻變，以及他們如獲新生後的感恩之情。雖然裡面還出現了外星人（哪一部八〇年代的電影裡面沒有外星人？）但是這部電影談的是好萊塢少見的主題：變老是什麼樣子？

這些老人的蛻變使我想起本書開頭所提的故事，你們還記得藍格的逆轉時鐘研究嗎？藍格的研究用的是修道院而不是游泳池，但是該實驗似乎也有類似電影《魔繭》的效應，出來的老人都變年輕了。你記得我曾說，你現在看的這本書是有關這些老人走出修道院後怎麼樣了，而現在我就要告訴你，這些人怎麼樣了。

老人應該怎樣來規劃他們的日子？我們現在已經知道大腦科學對這個問題如何解釋，應該可以著手規劃了。在本章中，我們要談這些規畫，尤其聚焦在你退休後該怎麼做。我們可能無法做到外星人探訪老人院後所發生的奇蹟成就，但是至少會比坐在孤獨的房間裡，眼神空洞地盯著天花板更好。

你對你自己能做的最糟一件事

最理想的退休年齡是多少？不要以歐格斯特（Charles Eugster）作榜樣。這位運動員生於一九一九年，到二〇一七年還像一個火車頭似地動個不停，活了九十七歲，他說：「退休是你對你自己做的最糟一件事！」

歐格斯特看起來像一位典型的英國將軍：高貴的儀態、強大的字彙量、一口爛牙。最後一點倒是匪夷所思，因為他是一名退休的牙醫。

他也是老人健身界的奇葩，他是六十公尺、一百公尺、二百公尺短跑的老人組紀錄保持人，他在世界划船大師賽（World Rowing Masters Regatta）中拿過四十面金牌，他得到世界健美錦標賽（World Fitness Championship）老人組四次冠軍。假如你上網搜尋他的照片，可以看到他跑步、拳擊和舉重的畫面，他露出牙齒笑得像一座燈塔，向著明天發亮。

歐格斯特不把退休當朋友，他認為是這種仇視退休的態度使他成功。他說：「假如你去看英國女王的行程，根本滿檔。她不是會去白金漢宮（Buckingham Palace）的花園裡跑步的人，但是她每天站很久的時間，她不會整天坐著，坐著是不健康的。最重要的是她有工作。」

假如房間內有大腦科學家一定會鼓掌同意。很多人把退休想成無憂無慮的生活、出去長途旅行，終於可以去做你想做的事情。然而實際上，退休人士的無憂無慮只能維持一陣子。你覺得「終於逃出了上班的牢籠，自由了」，但是過一陣子以後，負面的情緒就上來了，那些有關退休的美好說詞到哪裡去了呢？

它只是個神話。

我們現在知道退休對大部分的人來說，是非常有壓力的。在荷姆斯與雷伊生活壓力問卷

（Holmes-Rahe Life Stress Inventory）中，退休排名第十，緊接在後的是「家人健康或行為的巨大改變」。證據在哪裡呢？請準備好接受一連串統計數字的射擊，因為退休的觀念在身體健康和心智健全上都是射擊的目標，這些數據都是相關沒錯，不是因果關係，但是加總起來也足以打敗退休的神話，你將面臨嚴峻的抉擇。退休將增加你死亡的機率。

假如你選擇不退休，可減低百分之十一的死亡風險，當然就增加存活機率。

退休的數字

研究者很早就知道，退休的人在健康上比同年紀但還未退休的人差，他們得心血管疾病如心臟病或中風的機率高了百分之四十，血壓、膽固醇和身體質量指數（body mass index, BMI）都升至不健康的高度。

而且退休不只是要面對心血管方面的威脅，退休的人也容易得癌症。他們得糖尿病的機率高了很多，也因容易得關節炎（arthritis）而減少出去走動、與人交往的機會。對退休老人來說，有任何長期健康問題的機率是百分之二十一，而繼續工作的老人，機率只有這個數字的一半。

心智的能力也同樣往下滑，退休老人的流體智力分數比尚在工作的同事下滑得快。你還記得我們前面講過，流體智慧是能夠「彈性產生、轉換和操弄新資訊」的能力，這個降幅並不小，退休的人在這個測驗上的分數只有尚未退休人的一半，整個記憶的分數也低了百分之二十五。退休就好像替一個還沒有死的人寫訃聞一樣。

心智失能的風險——心理病理學上——也有著同樣令人沮喪的統計數字。退休使得到重度憂鬱症的機率大幅增加了百分之四十，得任何一種失智症的機率也增高，假如你到六十五歲才退休，而不是六十歲，失智的機率可降低百分之十五。我們甚至知道每年降低多少，六十歲以後，每繼續工作一年，失智機率降低百分之三點二。

那麼什麼時候退休最好呢？研究者用簡單一個詞來回答：「永遠不要」（never）。

這樣說是言重了，但是在實際的生活上，沒有一個通用的標準。每個人的情況不同，從財務到家庭成員都不一樣。不是每個人的身體都夠強壯，能擁有不退休的退休生活，也不是每個人都想要這樣的退休生活。目前這方面的科學數據很強大，足以提供多元化的建議，但是這些建議不是保證，而是說，按照這些建議做，有數據上的支持，你會過得比較順心，不易受挫。

過去的好時光

在我們開始談如何優雅老化的每一小時計畫之前，我要先談一下肯德基炸雞（Kentucky Fried Chicken）。每次我看到肯德基炸雞店外面那個旋轉的廣告炸雞桶，就會觸動一絲懷舊之情。在早年，山德斯上校（Colonel Sanders，即肯德基爺爺）還活著的時候，我媽媽和我常去光顧肯德基，這位創店的老上校把店賣了以後，常為了炸雞變了味而生氣，他說特別酥脆的祕方在於「雞肉上黏的酥炸麵團」。說得好聽一點，山德斯上校有著多彩多姿的過去，他賣過輪胎、買過旅館、成立過渡輪公司、滲過穀倉、有過好幾段婚姻，而且曾捲入一場槍戰，有人因此而死亡。

他的成功多數都發生在他老得可以領美國社會保險金的時候，然而這卻是一個很好的例子，告訴我們為什麼永遠不要退休。他在一九五二年賣掉他的第一間連鎖店，當時他六十二歲。而後的十年間，他繼續行銷他的炸雞，看著他的理念逐漸擴大成一間擁有幾百家餐廳的公司。他在一九六四年把公司賣給未來的肯塔基州長，賺了幾百萬美元，用他的餘生擔任挑剔的炸雞代言人，到九十歲才過世。

這就是退而不休。每次我看到高高的柱子上掛著一個旋轉的塑膠炸雞桶時，我的早年記憶就回來了。

山德斯上校的例子至少給了我們兩個長壽的啟示（不過大家應該都想跳過槍戰的部分），第一個是工作，工作讓我們有生活目標、有慣性的生活方式，還有社交網，有上班的人比退休的人多了百分之二十五的社交網。第二個是懷舊所賦予的生命力。

大部分的廣告人、流行文化導師和歷史學家都知道「過去的好時光」（the good old days）有種不可擋的魔力，但是他們可能不知道，嚴謹的大腦科學也認為過去好時光對我們有幫助：懷舊的經驗對我們的大腦有許多認知上的好處。幾位主要在英國做研究的社會心理學家，如賽迪基德（Constantine Sedikides）和威爾舒德（Tim Wildschut），發現了過去玫瑰色的記憶可以影響目前較不玫瑰色的經驗（**譯註：有首歌叫《我從來沒有答應過給你一個玫瑰花園》（I Never Promised You A Rose Garden），玫瑰成為過去美好回憶的代名詞**）。

他們兩人對懷舊的定義跟一九九八年版的《新牛津英語詞典》一樣：「對過去一種感情上的依戀或渴望」。但是他們沒有像英國人那樣去測量它，他們發展出一個心理測驗，叫做南安普敦懷舊量表（Southampton Nostalgia Scale），來測量在某一個時間，一個人所體驗到的懷舊之情有多少。他們使用的研究工具叫「事件回想作業」，是足以引發懷舊感受的實驗工具。

懷舊常被認為是認知的流沙，假如懷舊得太多，你會陷在過去的流沙中無以自拔（它的英文nostalgia字面意義就是「回家的痛苦」〔homecoming pain〕，因為過去認為中古世紀的士兵渴望回家鄉的思緒是「不健康的」，因而引起生理上和心理上的痛苦）。

所以這兩名研究者的發現出人意料：懷舊其實對你很好。我們現在知道那些常常受到懷舊刺激的人，心理上比沒有的人健康，我們甚至知道為什麼，不僅可以從行為層次來解釋，不可思議的是還有細胞和分子層次上的理由。

我們下面就來解釋為什麼。

「我們的歌」的威力

像很多夫婦一樣，我太太和我也有一首「我們的歌」，這首歌的旋律使我們想起最初約會的那段時光，歌名就叫《懷舊》（*Reminiscing*），講一對夫妻在懷念老歌所引起的舊情，演唱者是小河樂團（Little River Band）：

現在時光過去了
每一次我們聽到我們最喜歡的歌
那些記憶都回來
我們想念舊時光
把時間花在懷舊上

每次我們聽到這首歌——這首歌最近成了電梯音樂（elevator music，**編按：又稱 Muzak，指經常播放於百貨公司、機場、餐廳等公共場所的背景音樂**）——都會停下手邊在做的事，微笑著給對方一個吻，偶爾眼睛會充滿淚水，我們叫它「我們的歌症候群」。寫作這本書的時候，我們已經結婚超過三十五年了，是我一生中最快樂的時光。

懷舊為什麼會有這麼大的力量？它背後的大腦機制是如何？這又跟我們的退休計畫有什麼關係？懷舊是科學界越來越感興趣的題目，可能是因為我們也都一天天地變老了吧。懷舊會促進一種自我持續（self-continuity），把過去的你和現在的你連結在一起（用學術定義來說，是一種時間上的自我穩定性，在這當中，你的自傳式記憶的痕跡跟你現在的經驗結合在一起）。下面是研究者發現的事件順序：一、你熱愛緬懷往事。二、你的自我持續分數上升。三、你的大腦從中受益。什麼樣的益處呢？

1. 懷舊提高社會連結（social connectedness）**分數**

社會連結的定義是主觀認為自己屬於某些團體（如某個部落、俱樂部或最偉大的世代），並被其他會員接受。

2. 根植於良性努力的幸福感（eudaimonic well-being）**上升**

這裡所說的幸福感（eudaimonic well-being），定義是「一種滿足的感覺，這感覺是來自作為一個人能發揮最大之潛能（full potential）」，這聽起來可能有點稀裡糊塗的，到底什麼叫做一個人的「最大潛能」？但是這個經驗是有精神醫學上的結果的。你越覺得有這種幸福感，越不容易罹患情感疾病（mood disorder，又被稱為情緒障礙）。幸福感的功能就像大蒜對吸血鬼一樣，可以打敗憂鬱症。

3. 正向記憶取得優勢

雖然懷舊常被形容為苦中帶甜，但是研究發現實際上是甜多苦少，這個正向的效應強到可以在大腦的掃瞄中看到。

這三種態度的提升在日常生活中隨處可見，常常體驗到懷舊好處的人比較不怕死，當回憶共同的往事時，長期的伴侶感情更親密（這就是我們的歌症候群）。人們在自己的「懷舊區」享受一段美好時光後，會變得對陌生人比較慷慨，也比較能容納圈外人，尤其是那些跟自己屬於不同社會族群的人。甚至感官訊息（sensory information）都會有所不同。請人們待在一間偏冷的房間，然後開始懷舊，他們會覺得比較溫暖，雖然房間的溫度還是一樣的。

懷舊背後的大腦機制

當研究者用非侵入性的腦造影技術去觀察大腦在懷舊時的情況時，他們發現了懷舊是如何以及為何行使它在行為上的神奇力量。

當人們在懷舊時，某些大腦記憶系統會加速活化，主要是海馬迴。這沒什麼好大驚小怪的，就跟發現乳牛竟然會產牛乳一樣沒什麼，因為海馬迴本來就掌管大部分的記憶。

但是因懷舊而活化的不只有記憶系統，研究者發現當你緬懷過去時，黑質和腹側被蓋區也活化起來了，這兩個地方都跟產生報酬（reward）的感覺有關，操作的機制也都是透過多巴胺這個神經傳導物質。

這種刺激模式會產生兩種有趣的影響。第一，當你懷舊時，大腦給你報酬，使你願意再去懷舊。第二，懷舊會活化一種神經傳導物質，這種物質不只跟報酬有關，還跟學習和動作功能有關，而這種物質卻會隨著年紀而退化。

突然之間，我們找到藍格的逆轉時鐘研究的主要內部機制了，原來懷舊並不只是影響那些老人的態度，還影響他們的身體。還記得他們的視力變好了嗎？他們還玩觸身式足球。這是因為多巴胺不只影響大腦，同時影響動作功能（黑質毀損會引起巴金森症），看起來，刺激大腦某些特定區域，使之產生多巴胺，就是這些正向效果的背後機制。這是為什麼懷舊對你有好處，尤其是老年人的多巴胺都明顯不足，現在無疑是得到了一個好消息。各位都知道，多巴胺是非常有用的神經傳導物質，身體和大腦都需要它。

盡情緬懷往事吧。那麼，你該回憶到多久以前？什麼樣的回憶對你是有好處的？顯然你能回憶出越多細節越好。老年人什麼記憶記得最清楚？我們接著就來討論。

金色年代：我們的二十歲

《玩具總動員三》（*Toy Story 3*）裡面有一場戲，我跟我太太都不敢看，是關於安迪（Andy）這個小男孩。安迪的玩具是前面二集的主角，第三集中安迪長大了，離家去上大學。他不再是童年的那個孩子，也不再玩玩具了，於是他把玩具裝進箱子裡，把房間清乾淨。片尾時，安迪正要離家去上大學，他和母親走進幾乎空無一物的房間時，母親突然停住了，她四處張望，眼眶潮溼，大腦開始失焦，陷入了回憶中。這房間不再是她兒子的了，她緊握著喉嚨，逼回眼淚，要自己堅強。安迪想去安慰她：「媽，沒事的。」她低聲說：「我知道，我只是……我希望我可以永遠跟你在一起。」她突然轉身，給她兒子一個大大的擁抱。

我們不敢看的原因是電影中，安迪正好和我們的大兒子約書亞（Joshua）同年，約書亞也是這樣離家去上大學，所以我知道電影演的完全就是真實生活的樣子。有時你真希望你的眼睛能附帶雨刷。

像大部分的人一樣，約書亞念大學的年紀也是青春期的後期、二十剛出頭。對老人科學來說，這是一個重要的年紀（是的，老人科學家也研究二十歲的年輕人）。他們的研究找到一個重要的成分，值得你加入退休計畫中。

這個現象需要去看人一生中的記憶生產總值。假如你去問一群八十幾歲的老人，什麼東西、什麼事件、什麼經驗他們記得最清楚，你會很快發現兩個現象：一、記憶的提取不是一個平均的經驗。二、你得到的回憶提取曲線是一樣的。這條曲線看起來會像一個還沒畫完的雙峰駱駝，它測量的是自傳性記憶的回憶提取系統。

這個線條從零開始，並且維持在零一陣子，因為沒有人記得兩、三歲以前的事情。然後記憶提取開始迅速攀升，到二十歲到達巔峰，這是駱駝的第一個峰。二十五歲以後，曲線開始下降，迅速下降到三十歲，接著持平到五十五歲左右，此處的水平線就是雙峰之間的凹處。然後回憶開始好轉，緩緩上升到第二個峰，這時是七十五歲，但是第二個峰較小，只有第一個的一半。於是你看到的輪廓就是一個未完成的雙峰駱駝。

每個人所測出的駝峰曲線幾乎一致，因此科學家幫它們取了名字。小的峰叫做「新近效應」（recency effect），我們比較記得後面發生的事件，不記得前面的事件；大的峰叫做懷舊峰（reminiscence bump），反映出我們顯然有種記憶提取偏差，偏好回憶二十歲左右的事情，約青春期後期到二十五歲前後。因為科學家詢問的是八十多歲的老人家，因此科學家也說不出來為什麼這段期間的記憶比較清晰。懷舊峰背後的機制就叫做提取偏見（retrieval bias）。

我們可以用一個簡單的問題來了解提取偏見：你這一生中，最有意義的是哪一段時光？雖然這個問題相當主觀（什麼叫最有意義？），卻得能到清楚的答案。如果你去問退休後的職業作家，他們是在幾歲時讀到改變人生的書籍，你會得到相當一致的回答，百分之七十五的人都是在二十三歲。假如你問其他的老人，他們最喜歡的流行歌曲是什麼，也就是屬於「他們年代」的歌是哪些，答案也是非常相似，都是他們在十五到二十五歲時所聽的音樂。假如你問老人家，什麼電影最能代表「他們那個時代」，他們一貫會回答——你現在猜到了吧——二十幾歲時看的電影。那麼最重要的政治事件呢？還是發生在他們二十多歲時候的事，社會事件也是相同。不只是美國的老人家如此，全世界的老人家皆如此。

我的懷舊最高峰在一九七六年，這一年毛澤東死亡，瑞絲·薇斯朋（Reese Witherspoon）出生。我對那一年記得很清楚，就好像昨天才發生一樣，顯然我的大腦是這樣以為。那一年，我剛剛拿到我的駕駛執照，我記得汽油一加侖不到一塊錢（只要五十九分錢！），電影票大約兩塊錢，中西部一幢四房的房子只賣三萬六千五百美元（**譯註：一九七五年，我在美國南加州買一幢四個臥房的房子四萬五千美元**），美國平均年收入是九千美元（**譯註：那一年加州大學助理教授的年薪**

是兩萬八千二百美元）。

一九七六年特別令人印象深刻，因為是美國建國兩百年。為了慶祝立國兩百年，有許多歷史小說在此時出版，暢銷著作包括維達爾（Gore Vidal）的《1876》、克莉斯蒂（Agatha Christie）的《幕》（*Curtain*）和烏里斯（Leon Uris）的《Trinity》。

一九七六年的流行音樂充滿青春熱情，又帶有迷幻搖擺風。凱西・凱瑟（Casey Kasem）用迷人的嗓音主持著他那不斷追求夢想的音樂廣播節目《American Top 40》（**編按：凱瑟在節目最後習慣以一句話作為尾聲：「腳踏實地，勇敢逐夢。」**〔Keep your feet on the ground and keep reaching for the stars.〕，因此說那不斷追求夢想的節目），讓我們看到當時的音樂趨勢。迪斯可（disco）開始流行，佔據各大排行榜，亦不乏其他異軍突起：當年最暢銷的單曲是《Silly Love Songs》，由羽翼合唱團（Wings，又稱保羅・麥卡尼與羽翼合唱團〔Paul McCartney and Wings〕）所演唱，這首歌曲就不太像迪斯可曲風。

電影《洛基》（*Rocky*）系列在一九七六年推出第一集，《飛越杜鵑窩》（*One Flew Over the Cuckoos' Nest*）也剛上映沒多久，兩部片都很會選時間，這一年正好是大選年，美國人選了卡特（Jimmy Carter）作為第三十九任的總統。這還不是一九七六年唯一改變歷史的大事，就在選前幾個月的四月，一間叫做蘋果（Apple）的小公司正式成立。

這真是了不起的一九七六年，回想當年給了我一點安慰，使我有一些東西可佔據心靈，不再一直去想兒子要離開上大學的事。

六十歲開始解凍記憶

除了懷舊峰以及你在高中時聽的音樂之外，老人家的大腦還經歷一件很奇怪的事。從我們六十歲左右開始，不知道是什麼原因，有一些過去的記憶開始冒出來，可能是以前老師的面孔、初中的舞會、一首廣告歌，或者是一間沃爾沃斯（Woolworth）百貨公司裡的味道。

這些記憶並不是我們燦爛輝煌過去的片斷而已，而是有著特定識別符號的完整記憶痕跡。它們是遙遠的，裡面的內容你幾十年沒有去想它了，但是它們卻非常的清晰，好像昨天才剛發生一樣。這些記憶一直深埋在懷舊峰之中，科學家把這些事件叫做「永久儲存記憶」（permastore memory），好像放到永凍層去，不會壞掉了。不過更好的詞應該是「永久解凍」（permathaw），因為大腦好像在解凍記憶似的，那年你還在苦惱該如何賺錢付大學學費，而大腦一直在解凍當年沉積下來的記憶。

好幾個獨立的研究都強烈指向你人生中的一段短暫時期，不管是懷舊峰、書刊、永久冷凍理論，大腦真的很喜歡你在青春期後期、二十歲初期的記憶。

不過也不能一概而論。有些研究者把懷舊峰的位置放到十八歲左右。而那些生命經歷很多波折的人（如移民到新的國家），他們提取記憶的偏見則不是依年齡而是依事件。可能也有性別的差異，女生提取記憶的高峰年紀較早，而且時間範圍比較密集，比較局限在某個時間範圍內。不過這些並不影響我們初步發現的結果，也不影響各項研究所指出的一般年齡範圍。簡單來說，我們比較會去記得值得懷念兩事件，而對一個尚未受過創傷的大腦來說，最值得懷念的當然就是高中的最後一年和大學的頭兩年了。

新年輕人

藍格的逆轉時鐘實驗被英國拍成真人實境電視節目《年輕人》（*The Young Ones*），內容也改以當地為背景，結果大受歡迎，它贏得二〇一一年的英國影視藝術學院獎（BAFTA Award），相當於美國的艾美獎（Emmy Award）。

製片說服了六位平均年齡八十一歲的英國名人，在藍格的時光機器中住一個禮拜，同時把他們的生活拍下來。他們要重新體驗一九七五年的生活，先是住進一間鄉下的大房子，裡面裝潢得像個七〇年代珍奇寶庫。他們浸淫在各種當時的政治與流行文化中：柴契爾夫人（Margaret Thatcher）剛被選為英國反對黨的領袖；灣市狂飆者合唱團（Bay City Rollers）才剛剛登上排行榜；艾許（Arthur Ashe）剛成為第一個打進溫布頓（Wimbledon）網球決賽的非裔美國人；沒有手機，沒有網路，沒有英國脫歐。他們完全跟吵雜的二十一世紀英格蘭隔離。

結果有效嗎？其中一個人很快就覺得他可以自己穿襪子，不需要別人幫忙，他的室友都替他加油，他也說：「好像又活過來了。」希薇亞・賽姆斯（Sylvia Syms）這位拿過奧斯卡金像獎的女星說：「當我進來的時候，我全身都在痛，我的背痛得我幾乎不能走路。現在，很奇怪的是，情況進步了很多，我並不知道為什麼。我還發現我的褲頭鬆了些！」她指著她的室友，八十八歲的演員麗姿・史密斯（Liz Smith），繼續說：「看到你不再害怕不靠拐杖走路，我真的很高興，我們大家都很高興。」另一個名人說他覺得自己像個「新人」。

當然，這是電視節目，而不是支持發表論文的錄影實驗證據。除了訪談之外，並沒有任何的測量來證明他們的情況有進步。藍格的實驗是嚴謹多了，她對老人的運動能力、感官區辨作業（sensory discrimination task）和認知能力都有前測／後測的成績可以進行比較，她同時有控制組——各方面條件都有配對，只是沒有經驗時光倒流的一組人——可用來做比較。

這個重點在多重感官的浸淫，好像研究者把手放在這些老人的背後，把他們輕輕推入過去。藍格事先告訴受試者，請他們開始討論一九五九年的議題。把他們載到修道院的巴士上面的「廣播」播放的是一九五九年時代的流行歌曲，而且插播也是那個時期的廣告。下車以後，受試者要把他們自己的小皮箱拎到樓上去，沒有人可以幫忙。桌上的雜誌和道具是一九五九年的，他們每天互動時，討論的都是五〇年代後期有關的議題。晚上，他們看一九五九年的賣座電影《桃色血案》（*Anatomy of a Murder*），或是晚上的娛樂仿造當年的電視節目《價格猜猜猜》（*The Price Is Righ*）。

藍格的實驗結果雖然比較量化，但是她的重點跟英國的實況報導一樣。實驗組的聽力分數進步了，臨界敏感度（threshold sensitivity，或稱為低限靈敏度）為一千和六千赫茲。實驗組的近點（near-point）視力也有改善，尤其是右眼。實驗組的手指長度（這是測量雙手操作靈巧能力）增加了三分之一（百分之三十七）以上，控制組只有一個人有進步，三分之一的人退步。整體健康的測量，從姿勢到體重都有進步，在測試全身靈巧度的分數上都有進步，其中有一個人甚至把他的手杖給扔了。

這些測驗不全然是測感官和肌肉強度，前測和後測都有包括認知功能測驗。其中有一個數字符號替代測驗（digit symbol substitution test）其實是測試處理速度和記憶的限時測驗，實驗組後測的成績比控制組高了百分之二十三。在這個測驗中，控制組有百分之五十六的人成績下降，實驗組只有百分之二十五。顯然跟控制組比起來，實驗組不是進步分數超過基準線，就是退步的速度有減慢。

當然每一個研究都有批評和提醒的地方，這個研究的樣本群不夠大，實驗的時間不夠長，不是所有的測驗都顯示很清楚的進步。但是這些不足以影響它的結論，這些研究結果像一盞探照燈，照亮了未來研究之路。確實也有更多進一步的研究產生，因而多年後藍格終於得出結論：「當這個研究的結果跟我們其他研究的發現放在一起看時，我們覺得有足夠的證據可以說，老年身體『不可避免』的衰退，事實上是可以透過心理學上的介入逆轉的。」

對哈佛大學最資深的終身教授來說，這句話是很有分量的。當把這些綜合起來，你的退休計畫裡就可以加入一個強有力而獨特的成分了。但是要怎麼做？大多數情況下，我們必須活在當下，但我們也不能一直停留在當下。那麼，那樣的生活實際上究竟是什麼模樣？一首披頭四（The Beatles）的歌可以告訴你。

生命中的一天（屬於過去的時光）

我是嬰兒潮後期出生的，因此很喜歡聽披頭四的歌。它不是我成長時最主要的音樂滋養來源（我喜歡更早期披頭散髮、穿著破爛的音樂家），然而當我第一次聽到《生命中的一天》（*A Day in the Life*）時，我了解十九世紀鎖不住長頭髮的音樂天才。

你可能知道《生命中的一天》其實結合了兩首歌，其中令人繚繞不去的第一段和第三段是約翰．藍儂（John Lennon）寫的。藍儂說他的歌詞靈感來自某天看到的幾篇報導（歌詞中有一句：「我今天看了新聞，我的天啊」〔I read the news today, oh boy〕），是一九六七年一月十七日的英國《每日郵報》（*Daily Mail*）所刊登的新聞。歌詞中提到的車禍，死者是健力士（Guinness）的少東布朗恩（Tara Browne），四千個洞指的是英國蘭開夏郡（Lancashire）的城市叫布拉克本（Blackburn），說它的街道破爛不堪。看報紙未必能讓你寫出一首暢銷歌，但是把你年輕時的報紙找出來是有好處的。那麼，開始收集那些年值得回憶的事物，直到你有了滿房間的東西可以回憶。

就把這房間叫做「懷舊房間」吧。

在你現在的住處規劃一個地方，收藏懷舊的物品——放那些最會引起多巴胺反應的東西，如家人和朋友的相片，也可以是一些有意義的紀念品或海報。你可以在這個房間裡的音響旁邊放著披頭四、貝多芬或任何能讓你強烈感受到往日情懷的音樂，如此可以隨手播放。可以放一台電視機，最好是可以連接新科技的舊機器，這麼一來，你就可以看一些老電視節目和老電影。最後，你可以擺一些你那個時代的暢銷書，可以是你已經讀過的書，也可以是你發誓一定要讀的書。不要逃避過去，你的一天應該包括一些過去，把這個房間變成你個人的青春之泉。

你該回到哪一年呢？假如我們把懷舊峰和藍格的資料相比較，我們會得到一些想法，也會發現很多相互牴觸的地方與未知之數。你可能會本能的反應說，懷舊不是應該回到數據顯示的懷舊峰時期，好像當時的你突然穿越來到現在嗎？但是你注意到藍格所找的事件是受試者在四十多歲或五十出頭時所經歷的事件，不是在他們二十歲幾歲的事件。

那麼為什麼藍格不採用懷舊峰的數據呢？因為藍格並沒有時光機可以回到未來：懷舊研究的資料一直到九〇年代中期才出現，而藍格的實驗是在八〇年代初期做的。那麼懷舊是否可以橫跨這麼大的時間範圍，不局限於懷舊峰的年紀，仍帶給你青春的好處呢？假如藍格把時鐘撥到更前面，回到那些老人二十歲時，她會得到更強的結果嗎？由於相較之下懷舊峰的資料的確比較多也比較可得，這是合理的推測，不妨去實驗。但是在我們還沒實驗之前，我的建議僅供參考，不是經過同儕審訂的處方。

生命中的一天（屬於現在的時光）

披頭四的歌對我很有啟發性，還有另外一個原因：要在生命的一天中設計屬於現在的時間。假如你想活得長久，且維持最佳認知狀態，那麼典型的一天該怎麼過？每一小時該做什麼？你該吃什麼？你該多和誰見面？你該做哪些活動？

我現在要模擬一位老人家的十七小時日常生活。她叫海倫，是七十歲的退休老師，她的先生一年前過世了。她有關節炎，但是還能走動，其他各方面的健康都還不錯，所以也能開車。她自己一個人住在一間兩房的公寓，她的孩子已經大了，就住在附近。假如海倫照著這本書的建議生活，那麼她的一天會是像下面這個樣子。

我再提醒一次，這些建議只是我的看法，不是處方。研究顯示幾百萬人過了七十歲仍然過著健康的生活，像海倫一樣。但是每一個人的生活環境不同，所以請把海倫的每天行程看成自助餐，你可以取你要的，自行混合、搭配、調整到適合你的風格、體力、工作和家庭環境，而且這樣還是能得到很大的好處。這個日常行程就跟你的人和你的老化歷程一樣，是非常個人化的，因人而異。

早上七點鐘

海倫醒來，讀一下她留在床頭櫃上的便條，笑了起來。早餐有莓果、全穀物和堅果，然後打坐十五分鐘。她聚焦在身體，短暫的掃瞄一下各部位的安好，這是練習正念的必要步驟，然後開始規劃一天的行程。

海倫會這樣做是因為她擔心壓力，現在和未來的壓力，所以要先用正念處理。早餐是充滿能量的麥得飲食，這種飲食法已經證明可以減少阿茲海默症發生的機率。她採行麥得飲食已經一陣子了，每一口都會幫助她減輕對未來心智狀態的擔心。正念亦能減少這種壓力，她的心血管系統也明顯獲得改善。她也睡得比以前好，很奇怪的是，她的視力變好了。這些改善對她很重要，使她可以跟孫子多相處一些時間。就像個流暢運轉的高級變速箱，她現準備好要打進高檔、全速前進了。

早上八點鐘

早上八點時，海倫的走路團會來她家敲門，成員為各種不同領域的好朋友。她們把自己叫做「馳騁的奶奶」（Galloping Grannies），她們要繞著附近的街區快走三十分鐘，一週好幾次。有一個成員的先生最近過世，海倫每個早上都陪她走路，跟她說話，伴她走過悲傷。

海倫把這個活動放在最重要的地位，有許多原因。當然，運動能增強她的執行功能，她每次在平衡支票本或思考財務狀況時，都感覺得到執行功能有進步。她也跟老朋友維持聯繫，其中有些人正開始感受到年齡所造成的不便。這些互動有如仙丹妙藥。這是她今天許多社交活動的第一個，每一個都對她的身心有益。她心想，擁有用友誼包裝的大腦維他命，真是一件美好的事。

早上九點鐘

在跟一起走路的朋友說再見後，海倫開始她的「教育時間」。她在當地的社區大學修了兩門課（一三五和二四六錯開），今天是音樂課，要上樂理和鋼琴，明天是法文課。她一直想學法文，因為她一直想去巴黎玩，而且已經計劃好明年夏天去。她知道年齡不會加分，所以急著早點開始學，趁還可以走得動時出去玩。

第二部分的教育時間是去做志工，在社區大學的ESL（English as a Second Language，英語為第二外語）課程中教英語。她的班上有各個年齡層的新移民，有幾個甚至跟她一樣老。即使如此，海倫還是覺得她的工作很有意義，能幫助不懂英文的人盡快在新國家安頓下來，美國文化對他們是複雜的、困惑的，能夠交談的朋友很少，海倫像條生命線，讓他們有所恃。

海倫安排她的教育時間跟拿破崙（Napoleon）一樣，是有策略的。因為她不會說法文，所以去上法文課迫使她的大腦浸淫在許多完全陌生的主題中。這種挑戰會減緩她的整體認知功能下降，也會提升她的事件記憶和工作記憶（短期記憶）。她的ESL班級對她的大腦也很有幫助，作用像是汽車的防滾架（roll cage，**編按：一些汽車或賽車會在座椅周圍架設鋼管，即防滾架，防止車體因事故而翻覆時，裡面的人員受到傷害**），可以抵禦年老的侵害。這是因為做老師會強迫她從別人的觀點來看事情，尤其她的學生跟她來自不同的文化，文化差異帶來對事情的不同看法。她們班也是老中青都有，有年輕的父母、青少年，還有一個已經當阿公的。要有效的教導這些人，她得去適應他們獨特的看法。這種經驗和練習使她遠離憂鬱症、減低她的壓力、增加她長命的機率。

海倫是特意選第二外語教學作為她的志工項目，因為當志工使她可以幫助別人，成就「大我」，而這種活動已經證實能帶來並維持正向的世界觀。對她而言，這些課程代表著更多的社交互動，這是另一個大腦的維他命。這些班上唯一的共同點是：學生全都認得她。

中午十二點

海倫回到家時已經精疲力盡，而且很餓。她的午餐是橄欖油拌沙拉，裡面有大量蔬菜水果和一點點雞肉。她小睡一下，不超過三十分鐘，然後開始下午的活動。海倫是讀書會的會員，今天輪到她主持。她準備了小點心，開始閱讀，今天要討論的有兩本書，第一本她必須熟讀。她的讀書會開始了，每次的討論都相當熱烈，有時還很激烈。每次看到有會員離開，她都覺得很遺憾，即使是常常跟她意見不合的人。海倫頗固執己見，其他人也不遑多讓。

這種朋友之間互相打趣嘲弄其實是很健康的，因為有限度的意見不合會增加流體智慧的分數。它使海倫的大腦更有效率，填滿她的認知儲備戶頭。讀書會結束之後，海倫的大腦覺得好像上過健身房舉了重似的。這種活動本身就很有意義，因為閱讀是你的益友，能讓你常保青春，持續閱讀的好習慣可以延長壽命。

她的社交活動還沒結束，在清理過客廳後，海倫打開她的電腦，全神貫注地投入她的「勇敢新世界」，也就是社群媒體。裡面大部分是她臉書上的朋友，她像往常一樣點進去幾個朋友和家人的頁面。她的孩子幾年前買了手機給她，現在是她離不開身的伴侶了，她的女兒會定期傳簡訊，還會傳孫子的最新照片。海倫經常聊到忘我，帶著青少年的熱情，開心地敲打著鍵盤。

然後她會做一件很奇怪的事。聊天也聊完了，女兒去忙她的了，海倫開始打電動（也是孩子送她的）。這是訓練腦力的遊戲，她起初有點抗拒，因為她聽過很多有關電玩遊戲的新聞，正反兩極，有的說有益，有的說無效，但是她孩子買給她的是通過研究考驗的，所以後來她開始玩了。反正電腦已經開著了，乾脆就點一下賽車遊戲來玩。雖然她還是不太喜歡，但她打得還真好。假如她持續玩下去，她的注意力情況可以提升很多，尤其抵抗干擾物的能力。她的短期記憶也會像是上了認知健身房鍛鍊了幾回，認知功能提升很多。

下午三點鐘

滑完臉書，也玩了幾回合的虛擬賽車之後，海倫又要出動了。她每天下午要去上國標舞，一開始她很討厭這堂課，覺得根本是催淚瓦斯，同學之間的親密互動使她想起她的先生，而且跳舞要跟陌生人肢體接觸，兩人動作還得協調，她覺得很困難。但是在課程進行了以後，她的態度改變了，現在她發現跟別人動作同步其實很容易，而且使她恢復精神，清新振作。她自己不知道的是，她的平衡感變好了，儀態更優雅，摔跤的機率也減低了。她對教室裡的那些單身男人並沒有興趣，但是跳舞本身就減少了很多她對亡夫的思念。這是她今天最後一個社交活動。

從跳舞課回到家，她注意到是下午四點半，比她希望的時間晚了半個小時，但她還是馬上設想到晚上的睡覺時間。她並沒有打算早一點上床，她只是在為晚上的睡覺做準備。五點以後，不再喝任何有咖啡因、酒精的東西，也不再運動或打電腦，所以到晚上十一點時，她才不會睡不著，可以去她的δ波漫遊了。

傍晚五點鐘

她準備晚餐，今晚吃魚和義大利麵，以及很多的青菜。雖然五點鐘以後不能喝酒，她還是破例喝了一杯紅酒。或許下次她會改在午餐時喝。

晚上七點鐘

海倫準備好要享受她一天最喜歡的時光了，她把它叫做「H. G. Wells 之夜」。她要進入一個時光機器，這個房間是她特別打造，使她可以回到六〇年代中、後期的小空間。牆上貼著那個年代的海報，桌上有台老唱機，有好幾片黑膠唱片，有一座電視機、一台DVD播放器，還有一瓶香水。這瓶香水是Jean Patou的喜悅（Joy），以前她和先生約會時都是擦這瓶香水。她塗了一點在手腕上，開起了音樂，播放著披頭四、艾瑞莎・弗蘭克林（Aretha Franklin）等人的歌曲。

晚餐後的甜點為艾斯基摩派（Eskimo Pie，一種雪糕），她大口的把它吃下，雖然有點大腦凍結（brain freeze，**譯註：因食用冰冷食物所造成的頭痛**），她也無所謂。接著她挑了一本會使她想起大學時代的老書，坐下來看，這次她選擇重讀一遍馬歇爾（Catherine Marshall）的小說《克莉絲蒂》（Christy，**譯註：這本書是馬歇爾一九六七年的暢銷書，二〇〇〇年時改編成電影《此情可待成追憶》**）。

讀了一個小時以後，她聞了一下香水，回憶湧上心頭，眼淚也流了下來。這時得趕快看一下電視喜劇，她挑了一齣老節目《Laugh-In》，這是一九六八年很受歡迎的素描喜劇（sketch comedy，**譯註：一種短小的系列喜劇**）。她笑到肚子疼，眼淚都流出來了，現在哭的原因不同了，是開心的眼淚。

「H. G. Wells 之夜」的氛圍是故意安排的，這個房間中充滿了過去（懷舊峰時期）的記憶，有非常完整的額葉皮質感官刺激：有視覺、有聽覺、有味覺，還有嗅覺，這是為了使她大腦中的多巴胺濃度提高。而且有部分時間拿來閱讀，這使她每天讀書的時間超過三小時，對延長她的生命有幫助。

晚上十一點鐘

在這樣行程的一天後，海倫需要休息了，她在上床睡覺前（她睡著通常快要十二點了），還有最後一件事要做，需要準備紙和筆。

海倫在紙上畫出兩個欄位，在第一欄寫下今天發生的三件事——使她微笑和感恩的事，在第二欄寫下為什麼這些事給她這種感覺。這張紙上最常出現的是她和孫子的互動，這使她有種聯繫感。另一個是她還能夠開車，她對自己的獨立很感恩。海倫發現今天再怎麼不順利，她還是可以發現值得感恩的地方。

她把這張紙條放在床邊的小桌子上，然後上床睡覺，很快就睡著了。第二天早上，她第一件事便是讀這張紙條，這會使她微笑，每次都會。然後她將準備好面對新的一天，她知道她會盡全力提升生活品質，讓自己活得更久。

她決定按照大腦科學去設計她的人生，這是她所做過最好的一件事。

建立一條大河

這個虛擬的生活計畫背後有一個重要的理念：多管齊下的策略是維持認知功能最好的方式。這種做法背後有實驗證據支持嗎？你真的可以重新安排大腦中的認知功能，使你的生活好過嗎？答案是肯定的，頭號證據是由芬蘭研究者所做的一個龐大的隨機對照試驗（randomized controlled trial, RCT）。

他們想知道假如六十到七十七歲的老人吃得對，有運動，也玩了大腦訓練遊戲，會有什麼樣的事情發生。他們把這個實驗叫做 FINGER（Finnish Geriatric Intervention Study to Prevent Cognitive Impairment and Disability，芬蘭預防認知損傷與認知障礙之老人醫療介入研究）（我想你必須要會說芬蘭語才能知道縮寫為什麼是 FINGER），參與這項研究的二千五百名老人都是失智症的高危險群，實驗者採用行為研究領域的知名研究手法，把他們隨機分派為實驗組和控制組。

有兩年的時光，實驗組採行地中海飲食，同時必須參加一項劇烈的健身計畫，包括有氧運動、肌力訓練和平衡訓練（逐漸加強到一週二到三次，每次六十分鐘）。他們可以自由選擇玩各種針對執行功能、處理速度和記憶所設計的電玩遊戲（每週玩二到三次，每次十五分鐘）。為了嚴格監控他們的健康，實驗組時常會看到醫生、護理人員以及專職醫療人員，每次都要做心臟測驗和各種新陳代謝測驗。控制組沒有這麼好的待遇，除了正常的健康監控之外，他們在健康上只有得到一般的標準建議。

這個結果非常引人注目。相較於控制組，實驗組記憶分數增加了百分之四十，執行功能增加百分之八十三，處理速度大幅增加百分之一百五十。控制組要不然沒進步，要不然還退步。事實上，控制組整個認知表現下降了百分之三十。

如果一下子改變許多生活型態，可以得到這麼多的好處嗎？可以的，而且幾乎在所有的測量上都可以看到改善。老化帶你走向的地平線不再是沒有盡頭，但是你可以用健康的大腦、充實的生命和熱情走完這趟旅程。

這把我們帶回到出發點。自本書的一開始，我們從艾頓波洛爵士描述他的亞馬遜河之旅開始。他說這條河流會變得這麼大，並非源頭就有個宏偉的瀑布，自某座參天的高山上傾洩而下，而是靠著許多小河流匯集起來，眾志成城，最後成就世界第一大河。

你就要像這樣規劃你的生活，注意每一支小河流，包括跟朋友社交、減少壓力、保持身體活動、練習正念，就可以平順的經歷老年。

去跟地球上活得最久的各種人取經吧！

最多健康老人的地區

你可能覺得日本沖繩（Okinawa）的漁夫、南加州的牧師、希臘的旅館老闆和義大利的農夫之間沒有共同之處，但其實是有的，這就是布特納（Dan Buettner）的發現。他是一位探險家、多項長途自行車耐力賽的紀錄保持人、暢銷書的作者，也是一九五〇年代的電影明星。在國家地理學會（National Geographic Society）和美國國家老人研究院充分的經費支持下，他與義大利的人口學家一起找尋全世界的長壽「熱點」（hot spot）。他們一共發現五處，分散在南沖繩和南加州之間，它們共同的特色就是居民們不但活得超級長，而且活得很健康。

這些發現令人開了眼界。希臘的伊卡利亞島（Ikaria）上有百分之八十的八十歲以上人口仍然在工作，而且仍然靠自己種菜來吃。他們失智症只有美國的百分之二十，他們比美國的對照組多活七年。

哥斯大黎加（Costa Rica）有一個半島，那裡居民活到九十歲的機率是美國的兩倍以上。在那個半島上，一個六十歲的人有機會慶祝一百歲生日的機率是同齡日本人的七倍。

這樣的長壽地區還很多。美國南加州羅馬琳達（Loma Linda）的基督復臨安息日教會（Seventh-day Adventist），女信徒的預期生命為八十九歲，比隔壁非教徒的鄰居多了十歲。在義大利薩丁尼亞（Sardinia）的山頂上，住著全世界最密集的百歲人瑞。沖繩有些地方百歲以上女性的平均每人普及率是美國的三十倍。這些女性都過著全世界最健康的生活，一直到她們死亡。布特納把這些地區叫做「藍色區域」（Blue Zone），因為他最初是用藍筆在地圖上圈出這些地方。

這些藍色區域的居民做了什麼事可以活得這麼久？別人一定很想知道，尤其是美國人。六十五歲以上的美國人有五分之一有輕微的認知損傷，代表折磨你人生的失智症要找上門來了；三分之一的美國人有高血壓，代表會要你命的心血管疾病也要來敲門了。這些缺損之所以使人感到挫折，是因為我們老後的人生其實有大半是我們自己可以控制的。我們在地球上可以活多久，只有百分之二十是遺傳，百分之八十操之在己，或至少歸因於環境因素。而這只是一個研究所得的數字而已，給的基因數字真大方。更多的研究說我們只有百分之六的差異可以怪到基因頭上，百分之九十四取決於我們的生活型態。

在一篇二〇一二年《國家地理》（*National Geographic*）雜誌的報導上，布特納寫出藍色地區的祕密，我看到兩點：他們的生活型態都很相似，而且幾乎完全吻合本書所講的認知神經科學。這些人住在遙遠的地方，有著非常不同的文化，幾乎與世隔絕，沒有科學家告訴他們要怎麼做，然而他們的行為卻與科學上同儕審查過的發現相符，而且每一個人都過著特別長壽和健康的生活。

布特納和神經科學一致認同他們的做法，而我們也可以做到。

友誼

所有藍色區域的人都有著非常活躍的社會生活，所以布特納告訴《國家地理》雜誌的讀者：「要維持社交生活。」他說：「這些人把家庭放在第一位。」這聽起來應該很熟悉，我們在〈你的友誼〉那一章中有談到社交生活豐富、有很多互動的老人，他們認知功能的下降比別人慢了百分之七十。但是這些互動必須是正向的、令人滿足的，才能對你有所助益。毫不意外，家庭和朋友是這些好處的最大來源，擁有穩定的婚姻尤其重要。而定期跟不同年齡層的人打交道也很有幫助。維持好的婚姻、常常去看你的孫輩，沒什麼比這更能維持青春。

壓力

降低壓力會帶來顯著的健康利益，這在大腦科學上是千真萬確的。正念訓練是個強有力的好方法，練習正念的老人家比較不容易感染疾病，在心血管健康的指標上也高了百分之八十六，注意力的情況好了百分之三十。無獨有偶，布特納在文章中也有提到兩個類似建議，一個是「守安息日（the Sabbath）」，這是指基督後臨安息教會的信徒在繁忙的南加州生活中，時常會按下暫停，去享受安息日。他們上教堂、祈禱，很像正念，強制在日常生活的慣性行為中，停頓下來祈禱、休息一下。

朋友也是保護你不受壓力傷害的好方法。布特納在他第二個建議中說：「維持終生的朋友。」就像有首歌說，一是個最寂寞的數字。**終身的好朋友是寂寞的解藥。**

快樂

樂觀的人比悲觀的人多活將近八年，他們也比較可能體驗到塞利格曼所說的「真實的快樂」。有一條可以順利到達真實快樂的道路，是找出並追求能帶給你人生意義的事物。例如把信念放在比你自己更重要的一件事或一個人上面，布施、為善，換成中國話就是「為人點燈，明在我前」以及「施人慎勿念，受施慎勿忘」。布特納指那些基督後臨安息教會的人「對信仰有信心」（have faith），這幫助他們面對挫折，最後他說「找到生命的目的」，這是沖繩老人的智慧。

記憶

不管是閱讀或學習新的語言（或是從事帕克〔Denise Park〕說的有生產力的學習〔productive learning〕），你要使你的心智不停的活動，因為這會影響你的認知。一天若能閱讀三點五個小時，便能延長壽命百分之二十三之多。玩訓練大腦的電玩遊戲也會增加你的處理速度，改善你的工作記憶。（假如你不喜歡電玩遊戲，不要擔心，大部分藍色地區的人都沒有玩過《神經賽車手》，他們也活過一百歲。）

睡眠

大腦科學的研究清楚顯示：睡得好，壓力就小。你可以安排很多的社會互動（這使你遠離憂鬱症），維持一個固定的生活習慣，並且按時去運動。藍色地區的人在上述三件事上都做得很好，很多人必須自耕自食，所以他們很注意日夜的規律和節奏。他們的睡眠習慣還不曾被研究發表，但是他們的生活型態已經預告了研究數據將會如何。

運動

大腦科學的研究很清楚且一致指出：運動對你好。運動對身體的好處已經沒有爭議了，最受益的是你的心血管系統，但是對你的心智也有幫助。有氧運動的好處從記憶到情緒的調控都可以看到，執行功能也增加了百分之三十。

這些在藍色區域的居民身上都看得到。他們每一個人都有很活躍的生活型態，他們工作分量之重，有時令人難以置信。布特納描述一位義大利的農夫叫托尼諾（Tonino），他七十五歲，每天早上起來先劈柴、擠牛奶、殺一隻小牛，再把他的羊趕到四英里外的地方去吃草，這些都得在早上十一點鐘以前完成。布特納的結論很簡單：「每天都要活動。」這句話也是腦科學家的忠告。

飲食

每一個藍色地區都有獨到的飲食，但是基本上都符合地中海飲食和麥得飲食。這些飲食已被證實可以改善記憶、減少中風的機率，跟長壽有很強的相關。布特納所說的話跟同儕審訂過的研究發現一模一樣，他寫說：「吃水果、蔬菜和全穀類」，這所描述的是他看到的老人飲食習慣，「吃堅果和豆子」，描述基督後臨安息教會的信徒會加上這句。薩丁尼亞人的建議最棒：「喝紅酒」還有「吃佩克里諾乳酪（Pecorino cheese）」。沖繩人的建議最難執行：「吃一點就好」。大腦科學家完全贊同上面各家的忠告。

退休

布特納所描述的藍色地區老人每天生活的情形，使我們很清楚的看到，他們幾乎都沒有退休。許多沖繩的老人還在捕魚（帶著網子、不穿潛水衣直接跳下去抓魚！）許多安息教會的老人仍然在做慈善，許多薩丁尼亞的老人仍在耕田，當然還有那位義大利老農夫，他仍在劈柴，在午餐前走四英里路去放羊。「我負責工作，」他說，「我的女人負責擔憂。」

綜合上述，藍色區域的生活型態跟科學上的發現是一致的，雖然很特殊卻沒有出我們的預料之外。那些在地球上活得最久的人給了我們希望，我們只要改變我們的生活型態，也能像他們一樣既健康又長壽。雖然死亡永遠是贏家，我們至少可以打一場轟轟烈烈的好牌。

總結

永遠不要退休，而且一定要緬懷往事。

- 退休的人罹患身體和心理疾病的機率比較高，包括心血管疾病、憂鬱症和失智症。
- 懷舊對你有好處，經常緬懷過去時光的人，在心理上比較健康。
- 大部分老人在回憶過去的事情時，比較記得他們青春期末期、二十出頭時的事情，以及最近十年發生的事情。
- 藍色區域居民的預期壽命是全世界最長的，他們平日非常活躍，吃得很健康，壓力很少，對事情很樂觀，而且維持著社交生活。

現在，啟航

不管我們每個人可以活多久，想到人類歷史將如何繼續發展，總是令人振奮。我們每個人一生中都見證很多了不起的事，對我來講，我是個科學怪咖，因此我覺得最了不起的事是美國正在進行的太空計畫：航海家計畫（Voyager space program）。

我第一次聽到航海家太空計畫，是在一次康乃爾大學（Cornell University）太空物理學家卡爾·薩根（Carl Sagan）的訪談中。航海家一號（*Voyager 1*）和航海家二號（*Voyager 2*）在一九七七年發射，它們的任務是拜訪兩個氣態巨星（gas giant）：土星和木星。薩根博士描述他們把鍍金的唱片放在航海家一號和二號上，裡面有地球的位置、相片、聲音，以及各種藝術成就，包括查克·貝里（Chuck Berry）的歌曲《Johnny B. Goode》，這張記錄著人類活動的唱片可以說是一張星際問候卡，萬一有一天這些太空飛行器碰到外星智慧生物時，他們會知道是誰捎來的問候。

我聽到這段訪談時的反應像個孩子一樣，我記得當時聽得目瞪口呆。星球！科學家！外星人！但這不是好萊塢電影，是真實故事。我的心像觸電一樣，我那時只是個什麼都不懂的大學生，每天忐忑不安，思索著到底該不該以科學為職志。那時的世界很不一樣，一加侖牛奶才一點六八美元，一輛本田雅哥（Honda Accord）才四千美元，預期壽命（從出生算起）約七十三歲。

三年以後，航海家一號抵達土星。這有著星環的星球也沒讓我們失望，已經準備好讓我們拍特寫了。這些吃苦耐勞的小小飛行器傳回來許多漂亮的圖片！土星像個明星上了《時代》、《國家地理》雜誌以及無數科學期刊的封面。航海家二號把目標訂得更遠，打算拜訪海王星。它在一九八九年最接近海王星，更多漂亮的圖片傳回地球，上了更多雜誌的封面，照片上一個巨大的天體像顆聖誕燈飾那樣閃亮，藍得像顆藍寶石。

我看到海王星的照片時，又一次目瞪口呆，就像我多年前看到土星的照片時一樣，雖然我的人生和世界已經大為不同。我那時是個博士後研究員了，我已決定成為一個科學家，我的博士證書才一年新，一加侖牛奶是二點三四美元，本田雅哥已經賣到一萬兩千美元了，預期壽命約七十五歲。未來就像宇宙一樣，是無限的。

兩座飛行器到二〇一二年依然在太空航行，雖然它們的行星拜訪任務已經結束，它們的貢獻還沒停止。在那一年的八月，航海家一號成為第一個進入恆星際空間（interstellar space）的人類設計飛行器。這個小小的太空信使已進入太陽風（heliosphere）的盡頭，還透過微弱的電磁波與地球聯繫。上面大部分的儀器已經關閉，還在運作的部分仍勇敢地傳送著資料。

那時我的反應**依舊**像個孩子，那種興奮依然存在，雖然自一九七七年以後，幾乎一切都改變了。那時我鬍鬚已灰白，房子裡充滿了青少年、書本、報章雜誌，以及一生的教學和研究經驗，我感覺大學生活已經離我好遠，像航海家離地球那麼遠。牛奶現在是一加侖四塊美元，本田雅哥一輛要兩萬四千美元，預期壽命只比八十歲少一點。然而當我看到新聞報導這個還在星際太空旅行的強悍朋友時，我的大腦仍然像以前一樣興奮，或者說像以前一樣功能正常。它還是有能力熱愛生命、消化訊息，張開它知覺的大嘴去啃這個神奇的世界。

我的大腦到現在都還有這些能力，你的大腦也一樣。保持好奇心、保有驚奇感，這是我在闔上這本書之前要告訴你的——好消息是你仍然可以兩者都有。用愛與關懷（加上基因上的運氣），我們的大腦就可以維持靈活與彈性，好讓我們繼續發揮想像力，不要管我們是幾歲。擁抱朋友永遠不嫌晚，寫下你感恩的人事物，學一個新的語言，學會跳舞，學任何新的東西。你可能會活得比你認為得更久，老化絕對會奪走你的身體，但是未必奪得走你的心智。

在我們死後幾百年，航海家一號和二號會繼續前進，小小飛行器辦得到。它們隨時準備要播放查克·貝里的歌給要聽的物體——說不定是人——來聽。

在這麼多年以後，一想到太空計畫，我仍然會興奮得發抖。

10 個讓大腦保持健康和活力的關鍵原則

1. 做人的朋友，也讓別人成為你的朋友
2. 耕耘感恩的態度
3. 正念不但撫慰，同時增進我們的大腦功能
4. 記住，學習永遠不嫌晚，教導別人也是
5. 用電玩遊戲訓練你的大腦
6. 在你問：「我有沒有得阿茲海默症？」之前，先看看你有沒有十個症狀
7. 注意你的飲食，起來動一動
8. 思考要清晰，先要睡得飽，但不要睡太多
9. 你不能永遠活著，至少現在還不能
10. 永遠不要退休，而且一定要緬懷往事

國家圖書館出版品預行編目(CIP)資料

優雅老化的大腦守則 / 麥迪納(John Medina)著.
-- 初版. -- 臺北市 : 遠流, 2018.08
面；　公分. -- (生命科學館；037)

譯自：Brain Rules for Aging Well :
10 principles for staying vital, happy, and sharp

ISBN 978-957-32-8314-0 (平裝)

1.腦部 2.老化 3.通俗作品

394.911　　　　　　　　　　107009423

優雅老化的

大腦守則

優雅老化的

大腦守則